Schwanz
wedeln

Hundesprache auf einen Blick

Schwanzwedeln

Sophie Collins

KOSMOS

Übersetzt aus dem Englischen von Dr. Barbara Schöning, Hamburg.

Titel der Originalausgabe: „TAIL TALK – Understanding the Secret Language of Dogs",
erschienen 2007 bei Bonnier Books, Appledram Barns, Birdham Road, Chichester PO20
7EQ, ISBN 978-1-905825-45-5.
Copyright © 2007 Ivy Press Limited.

Umschlaggestaltung von eStudio Calamar unter Verwendung von Farbfotos von Calvey
Taylor-Haw und Simon Punter.

Mit 183 Farbfotos von Calvey Taylor-Haw und Simon Punter.

Unser gesamtes lieferbares Programm und viele
weitere Informationen zu unseren Büchern,
Spielen, Experimentierkästen, DVDs, Autoren und
Aktivitäten finden Sie unter **www.kosmos.de**

Gedruckt auf chlorfrei gebleichtem Papier

© 2009, Franckh-Kosmos Verlags-GmbH & Co. KG, Stuttgart
Alle Rechte vorbehalten
ISBN 978-3-440-11861-0
Redaktion: Angela Beck
Satz: Sabine Seifert – Satz/Grafik/Lektorat
Produktion: Eva Schmidt
Printed in China / Imprimé en Chine

INHALT

VORWORT

Wie gut sprechen durchschnittliche Hundebesitzer „Hündisch"? Meiner Erfahrung nach sind nur wenige in der Hundesprache wirklich gut bewandert. Dieses übersichtliche, gut lesbare und fachlich aktuelle Buch von Sophie Collins stellt dar, wie unsere Hunde kommunizieren. Dabei wird das Thema von der Warte der Hunde aus betrachtet und hilft so Menschen, besser zu verstehen, was ihre Hunde ihnen sagen wollen.

Das Buch bedient keine althergebrachten – und zumeist nicht wissenschaftlich bewiesenen – Meinungen, warum Hunde sich in bestimmten Situationen so oder so verhalten. Genau das macht es so wertvoll. Wenn man anhand der Fotos gelernt hat, worauf man achten muss, werden Hunde zu „Quasselstrippen", die permanent erzählen; sie erkunden, fragen nach, belohnen uns oder bekunden ihr Missfallen, bitten um Hilfe oder weitere Informationen und stehen ganz allgemein im ständigen Informationsaustausch mit ihrer Umwelt.

Sprache zu lernen bedeutet, bestimmte Muster und Ausdrucksformen zu verinnerlichen – egal ob Mensch oder Hund. Hunde unterhalten sich schwerpunktmäßig über Körpersprache, und da liegt auch der Schwerpunkt dieses Buches. Der Leser wird an die Vokabeln und die Grammatik herangeführt und lernt, kleinste Änderungen in der Körpersprache zu erkennen und im Rahmen einer bestimmten Situation zu interpretieren. Er bekommt eine Vorstellung davon, wie elegant und einfach sich Hunde untereinander verständigen. Wenn man erst einmal weiß, worauf man gucken muss, erkennt man zum Beispiel auch Unterschiede in Begrüßungszeremonien zwischen Hunden und sieht frühzeitig, wo Probleme oder Konflikte entstehen könnten (wo zwei Hunde aneinander vorbeireden).

Wie kommt es, dass Hunde so perfekt miteinander kommunizieren können, obwohl sie keine so differenzierte akustische Sprache haben wie Menschen? Zum einen wachsen sie in ein System hinein, bei dem optische Ausdrucksformen in bestimmten Situationen von akustischen Informationen unterstützt und ergänzt werden. Zum anderen gibt es bei diesen akustischen Signalen ganz individuelle Unterschiede, die selbst Menschen hören können.

Dieses Buch fängt die wunderbare Komplexität der hundlichen Ausdrucksformen ein und nimmt den Leser auf eine Reise in das Erkennen und Verstehen mit. Wenn wir den Hunden erlauben, uns etwas beizubringen, ist das zu beider Nutzen: Hunde haben ein schöneres Leben, Menschen können das Zusammenleben mit ihrem Hund entspannter genießen und die Beziehung zwischen beiden wird einfach optimal sein.

Karen L. Overall, MA, VMD, PhD
Diplomate des American College of Veterinary Behavior
Zertifiziert in Verhaltenskunde und -therapie der American Behavior Society

EINFÜHRUNG

Eine unendliche Zahl an Büchern ist bislang zum Thema „Hundesprache" geschrieben worden. Einige erinnern fast an Fremdsprachenkurse der Volkshochschulen: 30 Stunden, und sie sprechen „Hündisch". Dieses Buch ist simpler gestrickt. Es ist eine bildhafte Darstellung von einzelnen „Vokabeln und Sätzen" und soll für diejenigen sein, die einfach nur verstehen wollen, was ihr Hund ihnen tagtäglich erzählt. Natürlich kann es nicht vollständig sein. 120 Seiten können nicht das komplette Wissen wiedergeben, welches sich in den letzten Jahren durch intensive Forschung angesammelt hat. Das Ziel war auch nicht, eine weitere wissenschaftliche Abhandlung zu schreiben; das Buch soll den Leser über einige wichtige Punkte informieren und ihn damit animieren, bewusster auf eigene oder fremde Hunde zu achten. Sie lernen zu verstehen, was Ihr Hund zu Ihnen sagt, und Sie bekommen auch ein Verständnis dafür, was Sie zu ihm sagen – und das kann etwas ganz anderes sein, als Sie eigentlich gemeint hatten.

WÖRTER UND SÄTZE

Menschen bilden aus Buchstaben Wörter und aus Wörtern Sätze. Akustische und geschriebene Sprache ist die Hauptverständigungsform für uns. Hunde sprechen auch laut: sie bellen, heulen oder jaulen; solche Geräusche sind für sie aber weniger wichtig in der alltäglichen Verständigung als die Signale, die sie mit ihrem Körper erzeugen. Sie setzen Schwanz, Ohren, Augen, Maul, Bewegung und Körperposition ein, um Informationen zu übermitteln.

Das Buch gliedert sich in zwei Abschnitte. Im ersten, den „Vokabeln", werden einzelne Körperteile betrachtet. Es wird gezeigt, wie differenziert Hunde mit Ohren, Augen oder Schwanz Signale senden können. Der zweite Teil, der „Sprachführer", befasst sich mit komplexeren Situationen und wie Hunde dort miteinander kommunizieren. Sogar in der künstlichen und engen Umgebung, in der die Fotos für dieses Buch entstanden, zeigten sie eine Vielzahl an subtilen und anspruchsvollen Signalen. Vom acht Monate alten Golden Retriever bis zum neun Jahre alten Collie besaßen alle eine große Individualität in der Sprache und vermittelten gekonnt Vorlieben und Abneigungen, Unsicherheit oder Wohlbefinden.

TYPISCH HUND ...

Es ist sehr schwer, Hunde nicht zu vermenschlichen – eigentlich ist es fast unmöglich. Menschen müssen sich immer wieder daran erinnern, dass sie mit dem Hund eine andere Tierart betrachten. Es ist kein Mensch, der eine andere Sprache spricht, und man hat es nicht einfach nur mit kulturellen Unterschieden zu tun. Unsere Sprache, mit der wir Hunde und ihr Verhalten beschreiben, wurde entwickelt, um sich anderen Menschen mitzuteilen. Das sollte man berücksichtigen, wenn man zum Beispiel Aussagen trifft wie „er sucht Schutz bei mir", „sie zeigt mir ihre Liebe" oder „er ist furchtbar eifersüchtig". Menschliche Motivationen und Emotionen eins zu eins auf Hunde zu übertragen, kann problematisch sein. Hunde sind Hunde und haben andere Bedürfnisse und Vorstellungen von der Welt als wir.

Einige Menschen rutschen mit dem Verzicht auf Anthropomorphismus (Vermenschlichung) in ein anderes Extrem. Sie sehen Hunde als wilde Tiere, die Menschen durch ihr aggressives Verhalten permanent gefährden. Hunde sind Rudeltiere – von ihren wölfischen Vorfahren haben sie diese spezielle Sozialstruktur für das Zusammenleben mit Partnern übernommen. Einige Menschen glauben, dass sich Sozialstrukturen im Rudel nur über Kampf und Gewalt etablieren und halten lassen und übertragen diese Gedanken auch auf das Zusammenleben Hund – Mensch. Das Gegenteil ist der Fall, auch bei Wölfen. Das Leben in der freien Natur ist insgesamt zu reich an Risiken und Gefahren, als dass man innerhalb der Gruppe permanent kämpfen sollte oder könnte. Der Rudelzusammenhalt ist eher durch verwandtschaftliche Beziehungen, Zusammenarbeit und Freundschaft gegeben. Jeder weiß, was er vom anderen zu halten hat und welche Aufgaben der andere gut lösen kann. Daraus ergeben sich Beziehungsstrukturen, in denen dann einer einen höheren Status hat und ein anderer einen niedrigen. Über subtile und fein differenzierte Signale verständigt man sich über solche Statusverhältnisse, und nur in wenigen Einzelfällen wird „rabiater" miteinander umgegangen. Viele dieser subtilen Signale finden wir heute noch bei unseren Haushunden.

INDIVIDUELLE UNTERSCHIEDE

Jeder Hund hat seinen eigenen Charakter (wie Menschen auch), und viele seiner Verhaltensweisen werden davon individuell geprägt. Wenn wir von

einem Menschen sagen „er verliert schnell die Nerven", denken wir an dessen spezifische Sprache und Verhalten in bestimmten Situationen. Wir kategorisieren Menschen aber auch anhand bestimmter Verhaltensmuster – und auch bei Hunden schaffen wir uns Kategorien. Aussagen wie „alle Terrier sind schnell sehr stark erregt" oder „alle Labrador Retriever lieben Wasser" haben sich aus den unterschiedlichen Arbeitsaufgaben entwickelt, für die einzelne Rassen ursprünglich gezielt gezüchtet wurden.

DAS SPRECHEN LERNEN

Dieses Buch ist aus der täglichen Beobachtung von Hunden und Hundegruppen heraus entstanden. Jeder Hundehalter kann lernen, seinen eigenen Hund intensiver zu beobachten und besser zu verstehen. Das hilft nicht nur im alltäglichen Miteinander, sondern bietet auch bessere Voraussetzungen für erfolgreiches Training. Hunde sind äußerst intelligent, und vielleicht hat Ihr Hund auch schon einige Wörter in Ihrer Sprache gelernt. Wenn Sie ihm jetzt entgegenkommen und mit ihm in seiner Sprache sprechen, wird er ein dankbarer Kommunikationspartner sein. Ihr Hund spricht zu Ihnen – lernen Sie, ihn zu verstehen.

DIE VOKABELN

DIE OHREN

Die meisten der sogenannten „primitiven" Hunderassen haben
große, aufgerichtete Ohren. Solche Ohren verbessern das
Hörvermögen und erlauben es, Informationen über den eigenen
Gefühlszustand gut auszudrücken. Durch gezielte Zucht wurden
bei vielen Rassen sowohl Ohrstellung als auch Größe und Form
verändert und die Ausdrucksmöglichkeiten eingeschränkt. Aber
auch sehr kleine oder sehr lange und schwere Ohren können
noch viele Signale senden und Ausdruck über
den emotionalen Zustand geben – man muss
nur genau hinsehen. Hundeohren können
in verschiedene Positionen gedreht werden.
Gerade bei schweren Ohren gibt die Stellung der
Ohrwurzel wichtige Informationen.

Lange und schwere Ohren sind ein rassetypisches Kennzeichen für Bluthunde.

Unter dem langen Haar dieses Afghanen verbirgt sich ein relativ kleines Hängeohr.

UNTEN An der Ohrwurzel sieht man, ob ein Ohr vorgestellt oder zurückgelegt ist. Dieser Basset Hound trägt seine Ohren in Normalstellung.

Mittelgroße aufgerichtete Ohren wie bei diesem Greyhound sind auch auf Distanz gut zu erkennen.

Große Stehohren sind charakteristisch für den Deutschen Schäferhund.

OHR-ALARM

Wenn ein Hund beginnt, sich für etwas zu interessieren, wird er die Ohren leicht aufstellen. Bei Hängeohren sieht man dann oft nur ein leichtes „Runzeln" der Stirnhaut. Wenn das Interesse am Objekt zunimmt, werden auch die Ohren weiter nach vorne geschoben. Sie zeigen also den Grad des Interesses – nicht aber, wie sich der Hund dabei fühlt. Hier gibt die Körperposition weitere Informationen, zum Beispiel, ob eine Art „freudige Erwartung" besteht oder ob der Hund beginnt, Angst zu empfinden. Im Laufe der weiteren Entwicklung wird das Interesse entweder zunehmen und Reaktionen in Bezug auf das Objekt auslösen oder der Hund wird das Interesse verlieren. Dann werden Körpersprache und Ohren zur Neutral- bzw. Normalstellung zurückkehren.

OBEN Beide Samojeden zeigen Interesse an etwas. Die Ohren sind in rassetypischer Normalposition und minimal nach vorne gestellt. Die Hunde fokussieren etwas; das geöffnete Maul mit leicht vorgeschobener Zunge verstärkt den „leicht interessierten" Gesamteindruck.

VERSTÄRKTES INTERESSE Der Lakeland Terrier links
ist erkennbar stärker interessiert an „etwas" als die Samojeden.
Seine Kippohren (Stehohren, bei denen die obere Hälfte nach
vorne-unten gekippt ist), sind deutlich vorgeschoben und der
restliche Körper ist erkennbar angespannt. Der Schwanz ist zwar
ruhig, aber aufgerichtet, der Hals ist lang gestreckt und der Kopf
leicht schief getragen. Die Körpersprache sagt: „Gleich werde ich
aktiv". Dabei scheint er sich nicht bedroht zu fühlen, denn das
geöffnete Maul ist immer noch entspannt.

LINKS Bei genauem
Hinsehen erkennt man, dass der
Lakeland Terrier nicht richtig
sitzt, sondern nur hockt. Er ist
quasi auf dem Sprung.

ABWARTEN

Wenn Hunde etwas wahrnehmen, sich aber
nicht weiter damit beschäftigen wollen, sind
die Ohren ein guter Indikator. Der Deutsch
Kurzhaar scheint eigentlich lieber wo-
anders sein zu wollen. Seine Ohren sind
leicht nach vorne gestellt, aber das Maul ist
geschlossen (ein entspanntes Maul ist meist
leicht geöffnet); insgesamt sieht er etwas
unsicher aus.

ZURÜCKGELEGTE OHREN

Wenn Hunde die Ohren komplett nach hinten an den Kopf legen, ist die Botschaft eindeutig: sie fühlen sich nicht wohl, sind ängstlich und eventuell in aggressiver Stimmung. Flach zurückgelegte Ohren zusammen mit Knurren stehen auf der aggressiven Seite der Skala und stellen eine deutliche Warnung dar. Flach zurückgelegte Ohren bei lang nach hinten gezogener Maulspalte und zusammengekniffener Maullinie zeigen eher reine Angst. Derart extreme Stimmungen zeigt kein Hund auf diesen Seiten. Sie sagen eher: „Ich weiß nicht, was ich davon halten soll."

LINKS Der Deutsch Kurzhaar guckt zwei anderen Hunden beim wilden Spiel zu. Die minimal zurückgelegten Ohren und der schief gelegte Kopf zeigen wachsendes Interesse.

WARNSIGNALE Wenn sich ein Hund bedroht fühlt, egal ob von Mensch oder Hund, legt er die Ohren nach hinten als Teil eines warnenden Gesamtausdrucks: „Komm mir nicht zu nahe." Dazu kann er den Kopf leicht senken und das Gegenüber mit den Augen fixieren. Damit zeigt er auch eine leichte Unsicherheit. Wenn das Gegenüber auf dieses Signal nicht reagiert, kann die Warnung intensiviert werden: Die Ohren gehen weiter zurück und der Hund kann knurren oder sogar schnappen. Dies findet man häufiger bei generell unsicheren Hunden; parallel zeigt die weitere Körpersprache Angst. Bei einem Konflikt zwischen Hunden, die sich kennen, wird es häufig von dem gezeigt, der im Status niedriger ist.

UNTEN Dieser Foxterrier ist kontaktfreudig und spielt gerne – dabei manchmal zu wild – mit anderen Hunden. Hier sieht er zwei fremde Hunde: Die Ohren signalisieren Interesse, aber auch eine gewisse Unsicherheit im Bezug auf die Situation und wie er sich jetzt am besten verhalten sollte. Bald wird er hinlaufen und sich mit beiden bekannt machen, egal ob die dazu Lust haben.

Ohren- und Schwanzstellung zeigen es: Der Jack Russell Terrier fühlt sich unwohl.

☾ OHREN IM GESAMTAUSDRUCK

Beide Hunde auf diesen Seiten tragen ihre Ohren leicht zurückgelegt, aber abgesehen davon unterscheiden sie sich deutlich in der Körpersprache. Der Foxterrier unten nähert sich zwei unbekannten Hunden und möchte Kontakt aufnehmen – sich bekannt machen und vielleicht ein Spiel starten. Seine Ohren drücken gleichzeitig Neugier, Vorfreude und leichte Unsicherheit aus. Er bewegt sich relativ sicher mit entspanntem Maul und erhobenem Schwanz. Der Schwanz wedelt nicht, wird aber zu wedeln beginnen, wenn die anderen Hunde auf ihn reagieren.

Der Schwanz steht aufrecht und still als Zeichen für „Ich untersuche die Situation".

Die Ohren sind aufrecht und leicht zurückgestellt; sie zeigen Interesse und leichte Unsicherheit.

Der Kopf wird normal getragen und ist auf den Stimulus gerichtet.

Das Maul ist entspannt mit leicht heraushängender Zunge.

Der Körper zeigt Sicherheit und die Bewegung ist entspannt.

Im Gegensatz dazu zeigt sich die Jack-Russell-Terrier-Hündin unten extrem unsicher.
Sie ist in der Kommunikation mit anderen Hunden nicht sehr kompetent und wurde
vom Besitzer an der Leine in einen Raum mit unbekannten und wild spielenden Hunden
gezogen. Ihre Körpersprache ist eindeutig: Sie will hier nicht hinein. Sie stemmt den
Körper mit den Pfoten nach hinten, gegen die ziehende Leine. Die Ohren zeigen nach
hinten und unten und der Körper ist zusammengeschoben, als Ausdruck von Angst und
Unsicherheit.

Die Ohren sind zurück
und nach unten
gestellt; Der Hund
möchte sich der
Situation entziehen.

Der Körper ist angespannt mit
steifem Hals.

Der Schwanz ist unter
den Bauch gezogen: ein
Zeichen von Angst.

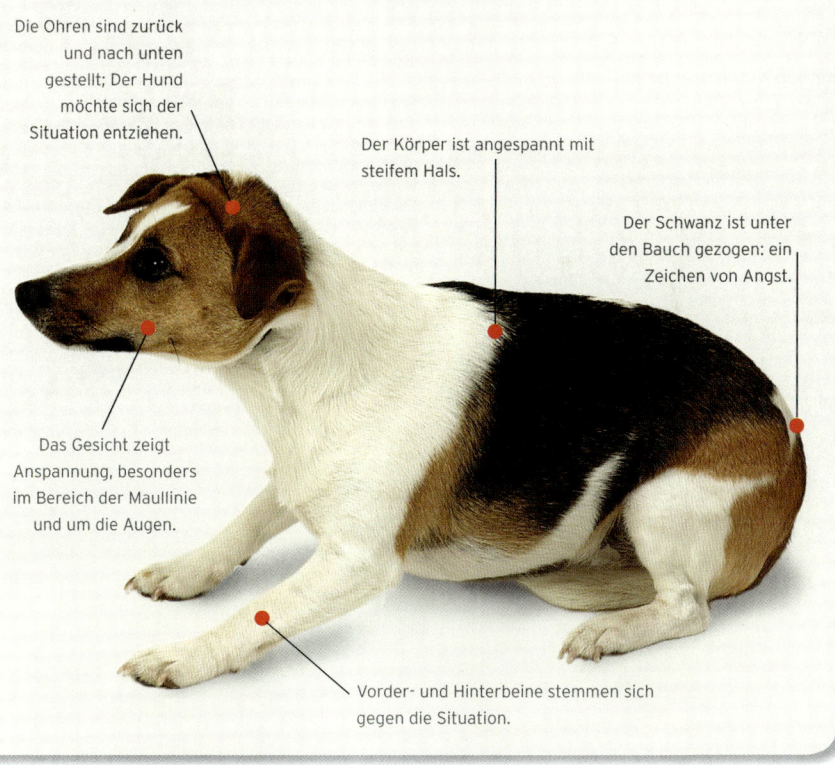

Das Gesicht zeigt
Anspannung, besonders
im Bereich der Maullinie
und um die Augen.

Vorder- und Hinterbeine stemmen sich
gegen die Situation.

DIE AUGEN

Hunde haben eine vierzigmal „feinere Nase" als Menschen – aber können sie besser gucken als wir? Hier gibt es rassenbedingte Unterschiede, die sich vermutlich aus dem ursprünglichen Arbeitseinsatz der Rassen heraus entwickelt haben. Bei kurznasigen Hunden mit breitem Schädel hat die Netzhaut eine andere Form als bei langnasigen und die Augen sitzen mehr frontal. Langnasige Hunde wie Greyhound oder Saluki haben ein größeres seitliches Sehfeld. Dies ist sinnvoll, da sie auf Sicht jagen. Ratten jagende Hunde wie der Boston Terrier rechts müssen Objekte direkt vor sich beobachten können – dabei helfen mehr frontal sitzende Augen. Ursprüngliche Rassen haben eher mandelförmige Augen. Bei vielen der heutigen Rassen wurde bewusst auf große, runde Augen gezüchtet.

OBEN Der Boston Terrier ist in den USA eine populäre Rasse. Die großen Augen wurden bewusst gezüchtet; Besitzer lieben diesen gefühlvollen und menschenähnlichen Ausdruck.

Hunden mit großen runden Augen, wie diesem Boxer, werden schneller menschenähnliche Gefühle zugesprochen.

Als typischer Jagdhund besitzt diese Bracke mittelgroße dreieckige Augen.

● LINKS Der Whippet ist ein Sichtjäger: Beute wird auf große Distanz entdeckt und mit hoher Geschwindigkeit verfolgt.

● Der Bobtail kann zwar sehen – aber für andere bleibt sein Augenausdruck oft rätselhaft.

● Die hängenden unteren Lider sind charakteristisch für den Englischen Setter.

ENTSPANNTE AUGEN

Entspannte und zufriedene Hunde haben auch einen entspannten Augenausdruck. Sie blinzeln dabei und senden so die Botschaft „Ich bin freundlich" – im Gegensatz zur Drohung, bei der Hunde oft starr fixieren. Besonders bei Begrüßungen hat der Augenausdruck eine große Bedeutung. Im Spiel oder auch bei entspannter Aufmerksamkeit können Hunde ihre Augen leicht schlitzförmig stellen. Auch dies ist eine freundliche Botschaft für andere und soll Begegnungen entspannen. Selbst im Beißspiel signalisieren solche Augen: „Dies ist kein Ernst."

Er signalisiert leichte Anspannung und Erregung (aufgerichtete Ohren und steif getragener Schwanz) – die Augen sind aber noch entspannt.

Diese Retrieverhündin ist entspannt. Sie kneift ihre Augen leicht zusammen, weil sie sich auf ein Leckerli konzentriert.

FREUNDLICHE BLICKE

Ein entspannter Hund in vertrauter
Umgebung wird auch direkt in bekannte
Gesichter blicken. Der Blick ist beiläufig
und leicht unfokussiert – ganz im Gegenteil
zum direkten Fixieren als Warnsignal.
Dieser Pointer hat gerade ein wildes Spiel
beendet: Augen, Ohren und Maul bilden einen
entspannten Gesamteindruck.

UNTEN Schiefgelegter Kopf, geöffnetes und etwas angespanntes Maul, leicht angehobene Vorderpfote und große runde Augen: Dieser Jack Russell Terrier ist erregt und voller Erwartung.

AUGEN AUF ALARM

Der Pointer auf der gegenüberliegenden Seite hat etwas interessantes gesehen; der Gesichtsausdruck ist aufmerksam-interessiert. Sein Verhalten hat sich im Sekundenbruchteil verändert: Statt abzuwarten, will er eine Sache genauer untersuchen und zeigt dies, neben Kopfhaltung und Ohren, durch seinen Blick. Die Augen sind in solchen Situationen leicht geweitet und manchmal wird auch die Gesichtmuskulatur angespannt und gezwinkert. Hunde haben keine Augenbrauen wie wir Menschen, aber einige Rassen (zum Beispiel Rottweiler) haben anders gefärbte Flecken über den Augen, die sie dann hochziehen und „runzeln" können. Die Augen vermitteln, wie die Ohren auch, einen Eindruck von der Stärke des Interesses. Sie geben aber alleine kaum Hinweise über begleitende Gefühle wie Angst oder Freude. Hierzu müssen wieder Gesichtausdruck und Körpersprache als Gesamtbild betrachtet werden.

● EINGESCHRÄNKTE MIMIK

Viele Generationen von selektiver Zucht haben Rassen hervorgebracht, deren Gesichter schwer zu lesen sind. Dieser Bullterrier spielt gut gelaunt mit seinem Hundekumpel „Jagen und Rempeln". Die schmalen, tief liegenden Augen zeigen nichts von seiner Stimmung; deshalb ist es auch so wichtig, immer den Gesamteindruck zu beachten.

DIE PUPILLEN Das Weiße des Auges ist in entspannten Situationen nicht zu sehen. Selbst bei Erregung oder Stress sieht man meist nur einen schmalen weißen Saum um die Pupille herum. Die Pupillen sind bei den meisten Hunden dagegen gut zu erkennen. Sie weiten sich bei Aufregung oder Stress. Bei Unsicherheit und Angst kommt es zu einer zweistufigen Reaktion: Vor dem Weiten ziehen sich die Pupillen ganz kurz stark zusammen. Bei freudiger Erregung werden die Pupillen einfach nur weit.

Dieser Pointer hat leicht erweiterte Pupillen. Mit aufgestellten Ohren beobachtet er seinen Besitzer.

Vom anderen kam eine abweisende Botschaft – der Foxterrier wendet den Blick ab und steht still.

AUGEN ABWENDEN

Für Menschen gehört es zum guten Ton, sich beim Gespräch gegenseitig in die Augen zu schauen. Ein permanentes Anstarren aber gilt als unhöflich. Unter Hunden stellt das Anstarren eine Drohung dar. Hier liegt ein häufiger Grund für Kommunikationsprobleme zwischen Menschen und Hunden. Menschen (besonders hundeunerfahrene Personen) wollen den Hund freundlich begrüßen und blicken ihn dabei direkt an – der Hund empfindet dies als Bedrohung und reagiert entsprechend (z.B. mit Rückzug oder Knurren). „Höfliche" Hunde gucken sich beim Zusammentreffen kurz an und sehen dann aneinander vorbei. Diese Botschaft bedeutet: „Ich bin nicht gefährlich." Danach können die Hunde intensiveren Kontakt aufnehmen und miteinander Informationen austauschen.

● OBEN Der Lakeland Terrier
links möchte mit dem Samojeden
spielen und drängt sich ihm auf.
Er weiß, dass er ein Risiko eingeht:
er wendet den Hals leicht ab und
man sieht seine Erregung. Der
Samojede wendet Kopf und Blick
ab. Er findet diese Aufdringlichkeit
lästig.

DER KOPF

Bei all den unterschiedlichen Hundegesichtern gibt es doch nur zwei grundsätzliche Kopfformen: den schmalen Schädel mit der langen Schnauze, ähnlich den primitiven Hunderassen, und den kurzen breiten Schädel mit kurzer Schnauze, wie er für Bulldoggen und Molosser typisch ist. Bei den langschädeligen Hunden ist es einfacher, den Gesichtsausdruck zu interpretieren. Aber bei genauer Beobachtung kann man alle Hundegesichter lesen; man muss nur genau auf die restliche Körpersprache achten. Darüber bekommt man ausreichend Informationen, um Emotionen (zum Beispiel Angst) und Handlungsabsichten zu erkennen.

OBEN Wenn man sich die „wilde Frisur" des Chinesischen Schopfhundes wegdenkt, sieht man einen typischen langen Hundekopf.

Bulldoggen haben nur eingeschränkte Möglichkeiten, den Gesichtsausdruck zu variieren.

Die Flecken innen neben den Augen verstärken den Ausdruck.

LINKS Bullterrier haben eine charakteristische Ramsnase und straff gespannte Gesichtshaut. Man braucht Erfahrung und Übung, um den Gesichtsausdruck korrekt zu lesen.

Der Gesichtsausdruck des Welsh Terriers ist durch die „Augenbrauen" gut zu lesen.

Eine lange Schnauze und große Augen charakterisieren den Windhund.

ANGESPANNT

Wenn Hunde sich auf etwas konzentrieren oder aufgeregt sind, spannen sie die Gesichtsmuskulatur an. Es ist wichtig, diese Anspannung zu erkennen, auch wenn sie nicht immer auf den ersten Blick sichtbar ist. Je nach Grad der Konzentration oder Erregung sieht man angespannte Bereiche unter oder über den Augen, um die Nase und entlang der Lefzen. Dies bedeutet, dass der Hund in einem Stresszustand ist – ohne dass dies gleich eine negative Bedeutung haben muss. Bei jeder Form von Erregung, sei sie positiv oder negativ, startet der Körper eine Stressreaktion.

LINKS Dieser Terrier reagiert auf ein Geräusch. Der Gesichtsausdruck zeigt Aufmerksamkeit und Neugier, der Körper Vorsicht.

AUGENBRAUEN?

Biologisch korrekt betrachtet haben Hunde keine Augenbrauen. Beim Menschen verhindern Brauen, dass Schweiß in die Augen läuft. Hunde brauchen das nicht: sie schwitzen nur an den Pfotenballen. Trotzdem können sie diese Kopfbereiche über spezielle Muskeln separat bewegen und haben dort Sinushaare (spezielle Tasthaare). Dieser Pointer zeigt leichte Anspannung, man erkennt es an den „aufgekräuselten" Fellstellen über den Augen.

OBEN Ein neutrales Gesicht: Die glatte Muskulatur der Augenumgebung und der Schnauzenregion dieses Labrador Retrievers zeigen, dass der Hund entspannt-aufmerksam ist.

VERKNIFFENES MAUL Auf das Maul und die Zähne wird auf Seite 52 noch konkreter eingegangen. Auch am geschlossenen Maul kann man beim Hund Stress erkennen. Am auffälligsten ist dies, wenn ein Hund seine Zähne fletscht. Der Nasenrücken legt sich in tiefe Falten, die Lefzenhaut ist hochgezogen und nach hinten angespannt und die Barthaare spreizen sich ab. Dazu kann der Hund knurren. Dieser Gesichtsausdruck ist bereits eine starke Warnung. Oft zeigen Hunde schon lange vorher über eine stark angespannte (verkniffene) und geschlossene Maulspalte und abgespreizte Barthaare, dass ihre Stimmung nicht gut ist. Bei kurznasigen Hunden ist dies oft schwierig zu erkennen. Entspannte und „gut gelaunte" Hunde haben auch ein entspanntes Maul.

ABGEWANDT

Der klassisch schief gelegte Kopf im Sinne von „Hey, was ist los?" gehört zum Vokabular von fast jedem Hund. Für uns sieht das witzig aus – beim Hund markiert es die Übergangsphase zwischen der Wahrnehmung eines Stimulus und der nächsten Handlung (z.B. weggehen). Der schiefe Kopf hat sich aus dem Jagdverhalten entwickelt: Wenn man den Kopf in Richtung eines Geräusches bewegt, kann man es besser hören. Aber man sieht den schiefen Kopf auch bei Hunden die (noch) nicht jagen. In die Gruppe solcher Signale für Interesse, Neugier und leichte Unsicherheit gehört auch das Heben einer Vorderpfote. Auch das kommt ursprünglich aus dem Jagdverhalten.

OBEN Ein anderer Hund hat den Raum betreten und der Lakeland Terrier schaltete in den „Neugier-Modus". Der Kopf ist schief gelegt, eine Pfote angehoben und der Schwanz steif getragen.

RECHTS Der Collie-Mischling zeigt Interesse; er ist aufmerksam bei ansonsten (noch) entspanntem Körper und Maul.

LINKS Diese ältere
Greyhound-Hündin hat
einer Gruppe von Hunden
zugesehen. Durch den
zugewandten Kopf zeigt
sie Interesse; über das
Absenken des Kopfes und
den abgewandten Blick
macht sie gleichzeitig
deutlich, dass sie lieber
von außen zusehen,
als in der Gruppe
mitmischen möchte.

KOPFHALTUNGEN

Zu den verschiedenen Botschaften, die ein Hund mit Augen, Ohren und Gesicht senden kann, gibt die Kopfposition weitere Informationen. Laienhaft wird oft gesagt, dass ein demütiger (submissiver) Hund den Kopf immer tief trägt. Aber so einfach ist es nicht. Der tief getragene Kopf kann Angst signalisieren, eine Drohgeste darstellen, aber auch im Rahmen einer freudigen Begrüßung gezeigt werden. Gerade ältere sichere Hunde tragen den Kopf als Ausdruck innerer Ruhe öfter etwas niedrig.

UNTEN Ein sicherer Hund: Der dösende Pointer wurde durch eine zuschlagende Tür geweckt. Trotz des etwas weiten Auges, des gehobenen Kopfes und der leicht nach vorne gestellten Ohren ist der Gesamteindruck entspannt.

LINKS Diese beiden Chihuahua-Mischlinge kennen sich gut und haben eine gemeinsame Sprache. Jeder reagiert korrekt auf die Bewegungen und Körpersprache des anderen.

KONFLIKTE Manchmal sieht man Hunde, deren Körper in eine Richtung zeigt und der Kopf in eine andere. Normalerweise stimmen Kopf und Körper überein, aber wenn der Hund sich unsicher über das richtige Verhalten in einer bestimmten Situation ist, zeigt er es auf diese Weise. Wenn ein Hund sich zum Beispiel das Spielzeug eines anderen Hundes nehmen möchte und nicht sicher über die Konsequenzen ist, nähert er sich mit dem Körper dem Spielzeug und wendet den Kopf dabei ab. Daran erkennt man den seelischen Konflikt, in dem er steckt. Diese Form von „Ich möchte, aber ich bin mir nicht sicher ..." ist die extreme Form der abgewendeten Augen.

RECHTS Dieser Hund fühlt sich nicht wohl in seiner Haut. Nach hinten gelegte Ohren, tief getragener Kopf, abgewendeter Blick und eine angespannte Körperstellung zeigen deutlich: „Ich möchte nur hier weg."

DER SCHWANZ

Der Schwanz spielt eine wichtige Rolle für die Kommunikation
– aber auch für die Fortbewegung (Balance). Welpen fangen
sehr früh an ihn zu bewegen und lernen dann Stück für Stück,
damit zu „sprechen" und die Signale bei anderen zu „lesen".
Jeder Hund sendet damit bewusst und unbewusst Signale. Dabei
sind die verschiedenen Schwanzformen unterschiedlich gut zu
„verstehen".

Stark über den Rücken gestellte Schwänze wie beim Siberian Husky sind schwerer zu interpretieren.

Auch der Pekingese trägt den Schwanz hoch.

Der Schwanz des Dalmatiners: Seine Signale sind gut zu erkennen.

RECHTS Nicht jeder tief getragene Schwanz bedeutet, dass sein Träger Stress hat; bei den Greyhounds ist diese Position normal.

Ein wolfsähnlicher Schwanz: von viel Fell umgeben.

Der Chinesische Schopfhund trägt eine „Quaste" am Schwanz.

Ein ausbalancierter, entspannter Schwanz.

Aufgerichtet und mit einem kleinen Wackeln zeigt er Neugier.

UNTEN Ein brauner Labrador im wilden Spiel. Er streckt den Schwanz grade nach hinten und schwingt ihn im großen Bogen hin und her. Die Ohren flattern bei seinen schnellen Richtungswechseln.

GLÜCKLICH?

Das Wedeln ist eines der auffälligsten körpersprachlichen Signale, und die meisten Menschen denken, dass ein wedelnder Hund ein gut gelaunter Hund ist. So einfach ist die Hundesprache aber nicht zu übersetzen. Es kommt auch darauf an, wie der Schwanz getragen wird. Ein niedriger als normal getragener Schwanz signalisiert eher Angst; ein sehr hoch getragener Schwanz kann anzeigen, dass der Hund gerade Stress hat oder sich für etwas ganz besonders interessiert. Ein freundliches Wedeln ist in der Regel von einer entspannten Körperhaltung begleitet. Ganz problematisch wird es natürlich dort, wo der Schwanz kupiert wurde (in Deutschland ist das Kupieren seit 1998 mit wenigen Ausnahmen verboten).

GEWEDELTE BOTSCHAFTEN Bei einer freundlichen
Begrüßung wedeln Hunde heftig und in einem breiten
Bogen – beim Spielen bewegen sie den Schwanz langsamer.
Ein aufgerichteter, vibrierender Schwanz kann schon eine
kleine Warnung darstellen, etwa wenn ein Hund ein Spielzeug
für sich behalten möchte. Die restliche Körpersprache gibt
weitere Informationen über die Botschaft, und gerade im Spiel
können sich Körpersprache und Wedeln im Sekundenbruchteil
ändern. Bei wilden Verfolgungs- und Jagdspielen können Hunde
kurzfristig mit steifem Schwanz verharren, bevor sie die Richtung
wechseln und erneut vorspringen.

Dieser Bullterrier trägt seinen Schwanz entspannt.

SCHWANZHALTUNGEN

Ein ruhig getragener Schwanz heißt nicht unbedingt, dass
der Hund auch entspannt ist. Hunde können den Schwanz
ganz ruhig halten, wenn sie wachsam sind: wenn sie etwas
Interessantes entdeckt haben und noch nicht sicher sind,
wie sie darauf reagieren sollen. Man sieht es manchmal auch
bei Hundebegegnungen, bei denen die ersten Informationen
ausgetauscht wurden – kurz bevor ein wildes Spiel startet
oder bevor Drohverhalten gezeigt wird. Veränderungen in der
Schwanzstellung spiegeln Veränderungen in der Stimmung und
im Fokus wieder. Gut sozialisierte Hunde verstehen die Feinheiten
und reagieren entsprechend; Menschen übersehen sie häufig,
und das verursacht Probleme. Jeder Besitzer sollte lernen,
seinen eigenen Hund zu lesen, um in kritischen Situationen
frühzeitig korrekt zu reagieren.

OBEN Der Chihuahua
beobachtet ein Spielzeug in der
Hand des Besitzers. Der Körper
ist ruhig und angespannt – wie
der Schwanz. Er ist quasi auf dem
Sprung in das Spiel hinein.

UNTEN Die Aufmerksamkeit
dieses Beagle-Basset-Mischlings
ist auf ein Leckerli gerichtet. Der
Schwanz bewegt sich in breitem
Bogen.

Das Schwanzwedeln alleine erlaubt eine Aussage über den Erregungszustand des Hundes, aber nicht unbedingt über seine Stimmung oder seinen Charakter. Früher dachte man, dass selbstsichere und ranghohe Hunde den Schwanz hoch tragen und die rangniederen „submissiven" Hunde ihn eher niedrig tragen. Heute weiß man, dass diese pauschalen Aussagen Unsinn sind. Auch ein rangniederer Hund wird in bestimmten Situationen den Schwanz hoch tragen. Am besten lernt man, auf die Ausdruckselemente separat zu achten und sich dann ein Gesamtbild davon zu machen, was der Hund gerade fühlen könnte und welches seine Handlungsabsichten sind. Der Schwanz ist dann nur ein wichtiges Puzzleteil unter vielen.

UNTEN Die Hündin wendet sich einem anderen Hund zu, aber ihr Schwanz wedelt immer noch weit hin und her. Sie ist entspannt und freundlich. Solche Jagdhunderassen tragen den Schwanz oft relativ niedrig, außer wenn sie sehr erregt sind.

● DER SCHWANZ IM GESAMTBILD

Dieser Hund fühlt sich nicht nur nicht wohl – er hat Angst. Menschen können manchmal nicht verstehen, warum Hunde in bestimmten Situationen ängstlich reagieren. Aber das, was für Menschen normal und ungefährlich ist, ist es für Hunde manchmal nicht – das müssen Menschen einfach akzeptieren. Dieser Hund hatte gerade einen unerfreulichen Zusammenstoß mit einem unbekannten Hund und wurde von diesem in die Ecke gedrängt. Er hat starken Stress und sendet deutliche Signale, dass er sich durch die Anwesenheit des anderen bedroht fühlt.

Gesenkter Kopf, leicht aufgerissene Augen, die den „Feind" fixieren; das Züngeln zeigt: „Ich habe Stress."

Ein typisches Zeichen von Angst: extrem zusammen-geschobener und runder Rücken, um den Bauch zu schützen.

Angelegte Ohren, die aufgrund der Form leicht seitlich abstehen.

Der Schwanz zeigt nur aufgrund des Sitzens nach hinten. Die Schwanzwurzel ist an den Körper geklemmt.

Steife Vorderbeine und das halbe Hinhocken zeigen: Dieser Hund will nach hinten ausweichen.

Im Gegensatz zum Hund links ist dieser Dackel „nur" unsicher; mit seiner Körpersprache zeigt er allerdings, dass die Grenze zur Angst fast erreicht ist. Seine Ohren sind nicht ganz so weit nach hinten gelegt wie beim linken Hund: Wenn man den Kopf von der Seite betrachtet, liegen sie fast in Neutral-Position mit stark nach unten gezogener Ohrwurzel. Der Schwanz ist unter den Bauch gezogen, aber nicht ganz so eng angelegt, und das Kinn ist eingezogen. Der Dackel sieht sich zu seinem Besitzer um, der zu seiner Linken leicht hinter ihm steht. Die Augenbrauen sind zusammengezogen und geben ihm einen fragenden und leicht unsicheren Gesichtsausdruck. Der Rücken ist ganz leicht aufgekrümmt. Mit all diesen Signalen sagt er: „Ich will eigentlich nicht hier sein, aber richtige Angst habe ich auch nicht."

Die Pupillen sind leicht vergrößert und man sieht die Lederhaut des Auges (das Weiße).

Der Rücken ist leicht aufgekrümmt – dies bedeutet Unsicherheit.

Der Schwanz ist zwischen die Beine gezogen.

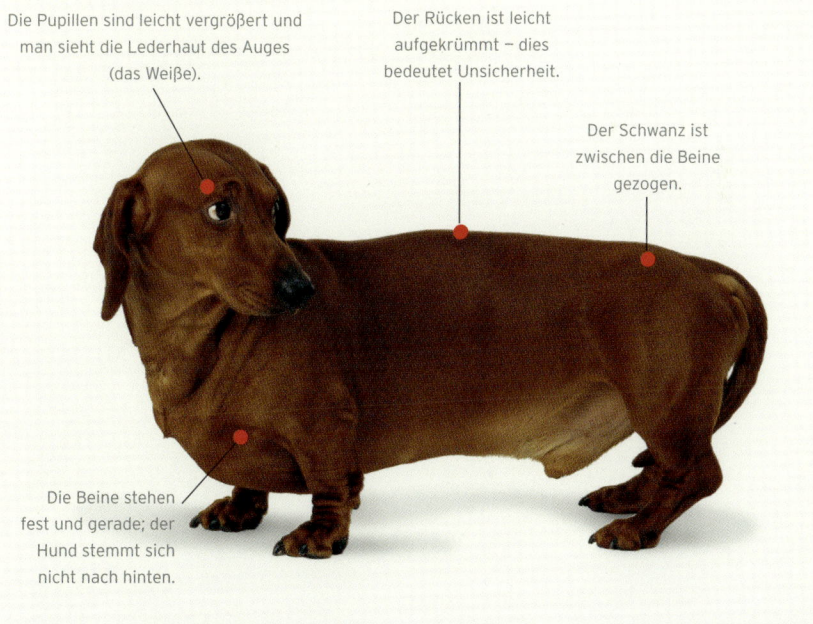

Die Beine stehen fest und gerade; der Hund stemmt sich nicht nach hinten.

RÜCKEN UND BEINE

Die Stellung der Beine und Pfoten und die Art und Weise, wie der Rücken gehalten wird, verraten einem aufmerksamen Beobachter viel über den emotionalen Zustand des Hundes. Ergänzende Informationen von Augen, Ohren, Schwanz und Schnauze verfeinern dann das Gesamtbild. Ein steifer, aufgerichteter Stand auf allen vier Füßen zeigt Erregung und eventuell auch Kraft; der Hund ist auf etwas fokussiert, bereit zum Handeln. Entspannte Beinstellungen sprechen auch für einen entspannten „Geist". Die drei Hunde auf dieser Doppelseite sind erregt und in Spielsequenzen aktiv. Die durchgedrückten Beine und der hochgereckte Schwanz des Foxterriers stehen für Erregung und Anspannung; das leichte Blinzeln in seinem Augenwinkel zeigt uns, dass es sich tatsächlich um ein Spiel handelt.

RECHTS Tempo und Aktivitäten in einem Spiel werden auch durch Pfoteneinsatz kontrolliert. Beide Hunde haben eine Vorderpfote erhoben; der Lakeland Terrier ist der massivere und drängt den Samojeden zurück ...

 RECHTS Der Foxterrier ist total auf das Zerrspiel mit seinem Besitzer fokussiert. Solch durchgedrückte Beine können auch bei aggressivem Verhalten gezeigt werden – aber hier ist der Hund nur auf das Spielzeug konzentriert.

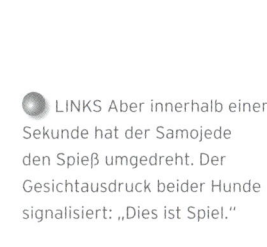 LINKS Aber innerhalb einer Sekunde hat der Samojede den Spieß umgedreht. Der Gesichtausdruck beider Hunde signalisiert: „Dies ist Spiel."

DIE RÜCKENLINIE

Die Hunde auf dieser Doppelseite zeigen ganz unterschiedliche Rückenlinien. Bei einem entspannten Hund ist die Rückenlinie locker: Der Rücken wird gerade, aber leicht geschwungen getragen, wie bei dem Lakeland Terrier rechts unten. Auf den ersten Blick wirkt der Foxterrier unten genauso; bei genauerem Hinsehen sieht man, dass Kopf und Schwanz abgesenkt sind und dass der Rücken etwas steif und leicht zusammengeschoben ist. Dies ist ein Ausdruck von leichter Unsicherheit. Bei dem Jack Russell Terrier rechts oben geht es schon über leichte Unsicherheit hinaus.

Kopf- und Schwanzposition und die Rückenlinie des Foxterriers signalisieren Unsicherheit.

RECHTS Ein derart zusammen-
geschobener und runder Rücken
und die unter den Bauch gestellten
Pfoten signalisieren große
Besorgnis.

Im Gegensatz zu oben ist dies ein komplett entspannter Hund.

KÖRPERHALTUNGEN

Die vorherigen Seiten konzentrierten sich auf Signale von
Kopf und Schwanz – die komplette Botschaft, die ein Hund
sendet, versteht man erst, wenn man auch „das Dazwischen"
(Rücken und Beine) berücksichtigt. Erst dann ergibt
sich ein Gesamtbild, an dem Stimmungen und
Handlungsabsichten zu erkennen sind. Auf
den ersten Blick scheinen diese beiden Hunde
das Gleiche zu machen: sie sitzen, haben ein
geöffnetes und entspanntes Maul und schauen auf
„etwas".

Die wichtigen Informationen geben hier die
Hinterbeine. Der eine hockt sprungbereit, der
andere sitzt richtig auf einer Seite. Erregte
und aktionsbereite Hunde haben einen
mehr stromlinienförmigen Körper.

LINKS Dieser Hund ist
auf dem Sprung. Er sitzt
nicht komplett, sondern der
Hintern schwebt aufgrund der
angespannten Muskulatur leicht
über dem Boden.

Dies kann auch einen Umschwung in der Stimmung ankündigen, zum Beispiel wenn aus einem Jagdspiel auf einmal Ernst wird. Man erkennt es gut an Beinen und Rücken: die Entspannung und Lässigkeit in den hüpfenden Bewegungen verschwindet. Der Körper bewegt sich zielgerichteter und tiefer über dem Boden. Manchmal verharren die Hunde auch kurz in solch angespannter Position (sie legen sich z.B. dabei hin), um dann loszuspringen. Andere Hunde erkennen die Änderungen der Körperstellung und reagieren im Sekundenbruchteil. Wenn bei spielenden Hunden einer plötzlich das Spiel verlässt, dann zumeist weil der oder die anderen solche Signale gegeben haben. Die Kommunikation läuft oft so schnell und subtil ab, dass Menschen meist erst der weggehende Hund auffällt.

LINKS Der Foxterrier sitzt „richtig". Die Hinterbeine zeigen beide zu einer Seite und man kann den Bauch sehen; die Vorderbeine stehen entspannt. Trotzdem zeichnet ihn eine gewisse Aktionsbereitschaft aus: man kann an Augen und Ohren erkennen, dass er etwas im Blick hat.

MAUL UND ZÄHNE

Mit dem Maul können Hunde eine Vielzahl von Signalen senden; manchmal zeigen sie dabei auch die Zähne. Häufig wird von ihnen das „Zungezeigen" oder „Schnauzelecken" gezeigt – ein kurzes schnelles Lecken der eigenen Nase oder Lefzen – welches von vielen menschlichen Beobachtern eher als zufällig interpretiert wird. Es ist eines der vieldeutigsten Signale, die Hunde aussenden können, und ist oft ein Zeichen für einen inneren Konfliktzustand. Gestresste Hunde zeigen es entweder direkt gegen einen Partner oder im Abwenden, manchmal auch als Bestandteil von Übersprungsverhalten. In diesem Zusammenhang wirkt es dann auch deeskalierend. Z.B. kann es ein Hund gegen einen anderen zeigen, wenn er sich ihm nähert.

UNTEN Dieser Foxterrier ist, obwohl ein relativ sicherer Hund, grade etwas irritiert durch einen anderen Hund im Raum. Sie hatten zusammen gespielt, als der andere nervös nach ihm schnappte. Nun wendet sich der Terrier nach kurzem Verharren mit einem schnellen Schnauzelecken ab.

LINKS Diese beiden Hunde haben ein Sitz-Kommando erhalten. Der eine hat sich schnell gesetzt. Der andere züngelt gegen den Besitzer – er zeigt damit, dass er nicht weiß, was er jetzt tun soll. Er kennt das Kommando nicht und hat in dieser Situation Stress.

Wenn Hunde gezwungen sind, in relativ enger Umgebung miteinander zu kommunizieren, zeigen sie das Schnauzenlecken häufig, manchmal auch kombiniert mit weiteren Signalen für Unsicherheit oder Stress. Dies bedeutet, dass sie (noch) unsicher über Stimmungen und Absichten der anderen sind. Ohne Zaun oder Leine würden sie eine größere Distanz halten, bis sie mehr Informationen voneinander hätten. Der Lakeland-Terrier-Welpe rechts muss auf dem Weg zu seinem Lieblingsspielzeug gerade sehr nah an einem erwachsenen Hund vorbei. Er signalisiert dem Senior, dass er keine bösen Absichten hat und keinen Konflikt will. Auch der Foxterrier auf der linken Seite sendet sein Signal an den anderen Hund, der gerade nach ihm geschnappt hatte. Parallel hat das Signal bei beiden Hunden den Zweck, die eigenen Nerven zu beruhigen.

UNTEN Dieser Terrier hat Stress; er zeigt es neben dem Züngeln durch den gesenkten Kopf mit abgewendetem Blick und den runden Rücken.

⬤ LINKS Dieser Samojede hat intensiv und enthusiastisch mit anderen gespielt. Jetzt ist er müde und braucht eine Pause. Er hat sich leicht abseits hingelegt und gähnt herzhaft in Richtung der anderen. Damit ist für die anderen klar: „Ich spiele erst einmal nicht mehr mit."

GÄHNEN

Wie Menschen gähnen Hunde auch aus Müdigkeit; der Körper bekommt dadurch mehr Sauerstoff in die Lunge. Gähnen kann aber auch ein Ausdruck von Stress oder Verunsicherung sein. Hunde zeigen es oft, wenn sie sich mit Situationen arrangieren müssen (oder aus ihnen abwenden), die anstrengend, unverständlich oder gefährlich sind. Dann stellt es eine Art Übersprungsverhalten dar und dient indirekt der Deeskalation. Es kann aber auch gezielt gegen einen Konfliktpartner gezeigt werden. Dann ist es ein direktes Deeskalationssignal. Aus diesem Grund wird Gähnen auch laienhaft als „Calming Signal" bezeichnet. Hunde senden es mit der Absicht, ihren Rückzug aus einem möglichen Konflikt bzw. ihr Desinteresse deutlich zu machen. In beiden Fällen hilft das Gähnen auch dem gähnenden Hund, sich besser zu fühlen. Wenn Hunde in der Interaktion mit Menschen gähnen, z.B. beim Training, kann es ein Zeichen von Überforderung sein und ein Hinweis, dass eine Pause eingelegt werden sollte.

⬤ OBEN Dieser Foxterrier beobachtete einen Konflikt zwischen zwei älteren Hunden. Er hat sich gesetzt und gähnt in ihre Richtung. Damit sagt er: „Ich habe mit eurem Streit nichts zu tun." Sobald sich die Möglichkeit ergibt, verlässt er den Raum.

DAS MAUL

Entspannte Hunde haben ihr Maul meist leicht geöffnet und die
Zunge ist etwas zu sehen. Wenn sie das Maul schließen, ist es
ein Zeichen von Anspannung oder Erregung. Der Samojede und
der Collie-Mischling auf diesen Seiten haben relativ entspannte
Gesichter, sind aber nicht komplett neutral gestimmt. Beide
beobachten eine Situation und wägen sie ab. Wenn sich ein
Hund einem anderen Hund oder Menschen freundlich annähert,
macht er oft solch ein Gesicht. Wenn eine Begegnung in ein
Spiel münden könnte, wird das Maul mehrmals geöffnet und
geschlossen, bevor weitere Spielzeichen gezeigt werden.

OBEN Ein Hund zur Rechten
des Samojeden bekommt
Leckerchen von seinem Besitzer.
Der Samojede beobachtet und
wägt ab, ob auch für ihn etwas
abfallen könnte. Er ist dabei
aufmerksam und entspannt.

VERÄNDERUNGEN Wenn man einen Hund durch eine Reihe von unterschiedlichen Situationen hindurch beobachtet (Zusammentreffen mit einem anderen Hund, gegenseitiger Informationsaustausch, Spiel) wird man ein häufiges Öffnen und Schließen des Mauls sehen. Auch in entspannter Stimmung wird er das Maul immer mal wieder kurz schließen. Quasi als ob er kurz den momentanen Zustand festhält und dann wieder offen für Veränderungen ist.

LINKS Der Collie-Mischling dreht sich während der Übung zum Trainer um und wartet auf ein Signal. Der Gesichtsausdruck zeigt, dass er entspannt bei der Arbeit ist und die Situation kennt.

„WAS IST LOS?"

Der Lakeland Terrier beobachtet eine Veränderung in seiner Umgebung. Er hatte das Maul kurz geschlossen und die Lippenlinie ist jetzt leicht angespannt. Die Augen sind erwartungsvoll und rund und der Kopf ist leicht vorgeschoben. Solche Posen sieht man bei Hunden mehrmals am Tag. Der eher passive Beobachter wird zum Zuschauer, der nötigenfalls aktiv mitmischt.

LINKS Dieser Hund zeigt ein sehr eigenwilliges Verhalten. Wenn der Besitzer einem anderen Hund zu viel Aufmerksamkeit widmet, läuft er aufgeregt hin und zeigt dabei fast alle Zähne. Er ignoriert den anderen Hund komplett und bedrängt nur den Besitzer. Es ist eine sehr theatralische Warnung, aber nicht unbedingt ganz ernst gemeint. Das erkennt man an den wild rollenden Augen und der leicht hochgezogenen, aber entspannten Oberlippe.

ZÄHNE ZEIGEN

Wann ist ein Zähnefletschen ernst gemeint und wann nicht? Manchmal ist es schwer zu unterscheiden und für die eigene Sicherheit sollte man es lieber einmal öfter ernst nehmen als umgekehrt. Keiner der Hunde hier reagiert ernsthaft aggressiv – trotz der gezeigten Zähne. Die Samojeden-Dame links macht deutlich, das ihr Besitzer zu ihr gehört. Der Hund unten beschwert sich, weil ein Leckerchen zu langsam gegeben wird. Die Hündin sieht ein bisschen aus wie ein heulender Wolf. Aber sie bedroht den anderen Hund, den Konkurrenten um die Aufmerksamkeit ihres Besitzers, nicht; sie drängelt sich einfach dazwischen und zeigt welpenähnliches Verhalten (Hochspringen und Lecken am Besitzer). Der Hündin unten ist ungeduldig. Sie wartet nicht gerne und schon gar nicht auf Futter. In den letzten zehn Sekunden hat sie ihre Nase gekräuselt, die Zähne gezeigt und kleine grunzende Geräusche gemacht. Beide Hunde zeigen die Zähne, aber die entspannten Lefzen lassen erkennen, dass es keine echte Aggression ist. Allerdings kann derartiges Frustverhalten schnell in Aggression umkippen.

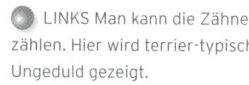 LINKS Man kann die Zähne zählen. Hier wird terrier-typisch Ungeduld gezeigt.

LAUTÄUSSERUNGEN

Hunde teilen sich hauptsächlich über ihre Körpersprache mit. Geräusche werden erst zweitrangig eingesetzt. Kleine subtile körpersprachliche Signale wie zum Beispiel Schnauzelecken, angelegte Ohren oder angelegter Schwanz reichen für die meisten alltäglichen Situationen. Hunde können eine breite Palette an Geräuschen produzieren, aber die wenigsten nutzen sie im Alltag mit ihren Menschen oder bekannten Hunden. Selbst beim Spiel im Park, beim Zusammentreffen unbekannter Hunde, wird nur unwesentlich mehr gebellt als sonst. Es gibt dabei rassetypische Unterschiede: Hunde bestimmter Rassen bellen häufiger und zeigen das gesamte Repertoire an Tönen – Hunde anderer Rassen bellen so gut wie nie. Wilde Hunde wägen genau ab, wann Bellen Sinn macht und wann nicht. Lautstarke Kommunikation ist bei der Jagd eher unpraktisch. Man warnt die Beute und man verschwendet Luft, die man besser zum Hetzen benötigt.

LINKS Ein Party-Gag: dieser Hund singt zur Musik. Es wurde ihm nicht bewusst beigebracht, sondern er hat es irgendwann von alleine begonnen. Es ist vergleichbar mit dem Chorheulen der Wölfe: Einer beginnt und andere stimmen ein. So informieren sich auch Gruppenmitglieder über ihren Standort.

Dieser Dalmatiner zeigt ein konstantes leises Winseln: Sein Besitzer soll mit ihm spielen.

BEHAGEN

Hunde überraschen Besitzer mit ihrer
unglaublich breiten Palette an Wohlfühl-
Geräuschen. Einige können schnurren, andere
knurren regelrecht oder produzieren eine
Mischung aus Knurren und Grunzen, um ihre
Besitzer zum Weiterkraulen zu animieren.
Aber nur entspannte Hunde, die sich wirklich
wohlfühlen, produzieren solche Geräusche.

DIE TONLAGE

Wie mit ihrer Körpersprache können Hunde jemanden gezielt mit Geräuschen ansprechen oder sie äußern einfach „in den Raum", wie sie sich gerade fühlen. Der Foxterrier unten wollte mit einem anderen Hund spielen und forderte ihn lautstark auf. Zum einen jaulte und bellte er drängelnd direkt gegen den anderen Hund, zum anderen bellte er dazwischen seine Ungeduld auch einfach nur vor sich hin. Geräusche werden oft als verstärkendes Mittel eingesetzt, wenn andere Signale nicht den gewünschten Erfolg bringen. In diesem Fall hat der Terrier vorher eine ganze Palette an körperlichen Spielaufforderungen gezeigt, wie zum Beispiel aufgeregtes Umherhüpfen. Aber erst die zunehmende Lautstärke und unerträgliche Tonlage brachten den gewünschten Erfolg.

UNTEN Foxterrier werden von Haus aus gerne laut. Dabei ist es unerheblich, ob sie spielen oder in „ernsthafte" Diskussionen verstrickt sind. Dieser Terrier knurrt bei seinem Lieblingsspiel oft lautstark vor sich hin.

Generell kann man sagen, dass hohe Tonlagen auf Aufregung ohne Drohkomponente hindeuten; je tiefer das Geräusch, desto vorsichtiger sollte man sein. Hohes Bellen, Fiepen oder Jaulen hört sich nicht gefährlich an. Je tiefer die Tonlage wird, desto mehr Ernsthaftigkeit ist enthalten. Auch ein Mensch, der tief spricht, wird von anderen ernster genommen; wenn er dann noch sehr langsam spricht, erhöht das diesen Effekt noch einmal. Hunde machen es genauso. Die intensivsten Drohgeräusche sind ein tiefes, langsames Knurren oder Grollen. Das Gegenteil dazu produzieren Welpen, die sich bei der Stimmung eines Erwachsenen nicht sicher sind. Sie fiepen und winseln in den höchsten Tönen, um zu zeigen, dass sie nicht gefährlich sind.

Die Lautstärke sagt nichts über Statusverhältnisse und Rangordnung aus. Sie ist eher abhängig von der Rasse und dem Charakter des jeweiligen Hundes.

● UNTEN Wie lässt sich ein Spielknurren von einem echten Knurren unterscheiden? Für Menschen hört sich auch das Spielknurren oft bösartig an. Beim Spielknurren wechseln Lautstärke und Tonlage, wenn auch nicht bei jedem Hund gleich ausgeprägt. Das als echte Drohung gemeinte Knurren bleibt zumeist auf einer (niedrigen) Tonlage und wird in der Regel nicht sehr laut; es ändert sich nicht, auch wenn der Hund zwischendurch kurz zum Luftholen pausiert.

RECHTS Diese beiden Terrier sind sich auf Anhieb unsympathisch. Jeder hat den anderen mit einer Reihe von Signalen gewarnt, auf Distanz zu bleiben. Für beide ist es schwierig, die Signale des anderen zu berücksichtigen, denn sie sind angeleint. Als sie von den Besitzern so eng aneinander vorbeigeführt werden, eskaliert die Situation: sie springen mit intensivem Warnen (Bellen) und Zähnefletschen gegeneinander.

VERSCHIEDENE TÖNE

Hunde können nicht nur bellen, heulen oder knurren, sondern auch fiepen, jaulen, kreischen oder quietschen. Dazu kommen noch Brumm- und Grunzgeräusche, Schnarchen und Seufzen. Mancher Besitzer fragt sich jetzt, warum der eigene Hund so wenig aus diesem Repertoire zeigt. Dies kann am individuellen Hundecharakter liegen, aber auch von der Rasse abhängen. Hunde bestimmter Rassen mussten sich auf Distanz verständigen (Meutehunde wie Beagle zum Beispiel); andere mussten ihrem Besitzer sagen, wo sie sind (Bauhunde wie Dackel). Bei vielen Hütehunden oder Jagdhunden war häufiges Bellen unerwünscht und wurde deshalb „herausgezüchtet". Gerade die Lautäußerung wurde in den Jahrtausenden des Zusammenlebens mit dem Menschen züchterisch sehr beeinflusst. Man sagt, dass Hunde primitiverer Rassen nach wie vor weniger bellen und mehr heulen wie Wölfe.

 WARNGERÄUSCHE

Warngeräusche wie Knurren sind genau das: eine Warnung. Wenn die Warnung erfolglos ist, wird der Hund andere Handlungen starten, um sein gewünschtes Ziel zu erreichen. Deshalb ist es auch so wichtig, auf Warnsignale zu achten. Ein sehr leises und konstantes Knurren kann ein Zeichen sein, dass der Hund sein Verhalten ändern wird (zum Beispiel mit Zähnefletschen vorspringt).

ERREGUNG

Weil Menschen untereinander vornehmlich über Sprache kommunizieren, gewöhnen sich auch viele Hunde an, mit Menschen lautstark zu „reden". Statt ihrer Körpersprache (oder ergänzend dazu) setzen sie intensiv Geräusche ein. Viele Besitzer kennen das: Der Hund fiept oder bellt, um ihre Aufmerksamkeit zu erhalten oder sie zum Spaziergang oder Spiel zu animieren; andere Hunde vermelden lauthals, dass es Zeit zum Abendessen ist. Wenn der Hund bellt, weil Fremde an der Haustür stehen, erfüllt das sogar meistens die menschliche Erwartungshaltung.

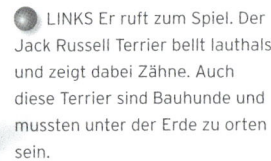

LINKS Er ruft zum Spiel. Der Jack Russell Terrier bellt lauthals und zeigt dabei Zähne. Auch diese Terrier sind Bauhunde und mussten unter der Erde zu orten sein.

In der Kommunikation zwischen Hunden vermischen sich Geräusche und Körpersprache. Es gibt zehn bis zwölf verschiedene Belltypen, die von Menschen unterschieden werden können. Wenn man eine Hundegruppe beobachtet, kann man sicher einige Typen hören. Da ist z.B. das klar abgesetzte „Wuff", ein Zeichen für Erregung. Bei Wiederholungen rutscht es langsam in eine höhere Tonlage und wird so zu einem Signal, um Spielkameraden zusammenzurufen. Auf der anderen Seite das einzelne scharfe Bellen als Warnsignal für einen Eindringling. Menschen unterscheiden und differenzieren oft besser das Bellen, als dass sie die Variationen der Körpersprache richtig interpretieren.

UNTEN Spielknurren kann sich manchmal wie „echt" anhören – dieser Samojede geht komplett und lautstark im Zerrspiel auf. An den Ohren, den Augen und der erhobenen Pfote erkennt man, dass es sich um Spiel handelt und dass er nicht ernsthaft den Menschen anknurrt, der das Spielzeug hält.

DER SPRACHFÜHRER

DEN HUND LESEN

Wenn Hunde miteinander kommunizieren, sollte man die
ganze Gruppe beobachten. Nur so bekommt man einen
Eindruck, worum es wirklich geht. Wenn man sich nur einen
Hund herauspickt und die anderen ignoriert, ist es, als ob man
einem telefonierenden Menschen zuhört: Man bekommt nur
die Hälfte mit. In diesem Kapitel werden einzelne Vokabeln der
Hundesprache wieder aufgegriffen. Dazu werden Sie bestimmte
Hunde in verschiedenen Situationen sehen und unterschiedliche
Hundepersönlichkeiten und ihre individuelle Sprache erkennen.
Hunde, die sich zum ersten Mal begegnen, gehen anders
miteinander um als „alte Bekannte". Auf den folgenden Seiten
wird auch jedes Mal der Zusammenhang kurz beschrieben, damit
Sie ein vollständiges Bild erhalten.

LINKS UND UNTEN Diese drei Chihuahuas kennen sich gut – aber nicht den Ort, an dem sie gerade sind. Die beiden rechten (unten) reagieren trotz Unsicherheit zügig auf ein angebotenes Leckerchen; der linke geht lieber weg. Die angelegten Ohren und der runde Rücken signalisieren bei allen die Unsicherheit.

RÜCKENLAGE

Immer wenn sich ein Hund auf den Rücken legt und den Bauch zeigt, exponiert er seine verwundbarste Stelle. Hunde zeigen diese Stellung in verschiedenen Situationen und aus verschiedenen Gründen. Im Bild oben will die junge Retriever-Hündin (acht Monate) die Aufmerksamkeit ihres Besitzers erlangen. Sie hat sich ihm wedelnd genähert, ihn direkt angesehen und sich vor ihm auf den Rücken gerollt. Dies ist eine Aufforderung zur freundlichen Interaktion. Als er sie ignorierte, hat sie sich auf dem Rücken hin und her gewälzt und mit den Pfoten in der Luft gezappelt; dabei hat sie gewedelt und das Maul zu einem „freundlichen Grinsen" geöffnet. Die Botschaft ist eindeutig: „Bitte kraule meinen Bauch". Sie zeigt dazu eine klassische submissive (demütige) Pose.

OBEN Diese entspannte Retriever-Hündin wartet darauf, dass der Besitzer ihren Bauch krault.

Im Bild unten sieht man sie mit einem älteren Boxerrüden, den sie fünf Minuten vorher zum ersten Mal getroffen hat. Anfangs haben sich beide am Hinterteil beschnuppert. Dann machte er deutlich, dass sie ihm etwas zu aufdringlich war. Sofort hat sie sich auf den Rücken gelegt und Demut signalisiert; so hat sie einen aufkeimenden Konflikt deeskaliert. Sie zeigt keine Angst, aber leichte Anspannung: das Maul ist geschlossen und die Pfoten werden ruhig gehalten.

UNTEN Der gleiche Hund sendet eine andere Botschaft. Die junge Hündin erlaubt die Inspektion durch den älteren Rüden. Durch ihr ruhiges Liegen macht sie deutlich, dass sie keinen Konflikt will und keine Gefahr, zum Beispiel für seinen Status, darstellt.

BESCHWICHTIGUNG UND RESPEKT

Viele Besitzer finden es peinlich, dass sich Hunde bei Begegnungen so intensiv am Hinterteil (Anus und Genitalien) beschnuppern. Hunde haben einen vierzigfach besseren Geruchssinn als Menschen und erhalten auf diesem Wege Auskunft über den anderen. Im Verlauf der Begrüßung werden sie auch am Kopf schnuppern, aber das Hinterteil gibt mehr Informationen preis. Am Ablauf solcher Begrüßung kann man viel über die Selbstsicherheit der Hunde erfahren. Beide Hunde sind freundlich. Der Samojede ist selbstsicherer als der Lakeland Terrier; dessen Körpersprache ist angespannter und er hebt leicht das hintere linke Bein.

OBEN Der junge Lakeland Terrier trifft zum ersten mal den älteren Samojeden. Das entspannte, leicht geöffnete Maul des Älteren signalisiert Freundlichkeit. Die Begrüßung beginnt mit dem Beschnuppern des Kopfes.

Der Samojede beschnuppert dann die Genitalien des Terriers.

OBEN Dann gestattet der Ältere, dass der Terrier sein Hinterteil inspiziert. Auf diese ruhige, freundliche Art bekommen beide die Informationen, die sie brauchen.

SPIELAUFFORDERUNG

Der Lakeland Terrier überlegt, wie er den Älteren zu einem Spiel animieren könnte. Er hat einen typischen Ansatz gestartet: Er ist vor den anderen gesprungen und hat dabei den Kopf tief genommen und mit dem Hinterteil in der Luft gewackelt. Als dies nicht erfolgreich war, hat er sich für einen Moment hingesetzt; danach ist er seitlich an den anderen herangesprungen und hat ihn angerempelt. Endlich hat sich der Samojede mit ihm beschäftigt: er hat sich über den Terrier gestellt und ihn mit Kopf und Pfoten umgeschmissen.

Insgesamt war die Stimmung bei diesen Aktionen gut. Der junge aufdringliche Hund wurde sanft und freundlich in seine Schranken gewiesen. Wenn er das gleiche bei einem weniger selbstsicheren Hund versucht hätte, hätte er allerdings eine unfreundlichere Antwort erhalten können.

UNTEN Nach der Begrüßungszeremonie legt sich der Terrier hin. Man kann dies öfter beobachten – plötzlich wird dann ein Jagdspiel initiiert. Vorgeschobene Ohren und Pfoten „auf dem Sprung" signalisieren: Der Moment der Ruhe ist nur kurz.

LINKS Der Terrier wurde lästig und der Samojede drückt ihn mit seinem Körper leicht hinunter. So erlangt der Ältere die Kontrolle über die Situation.

Spiel ist eine wichtige Form der Interaktion zwischen Hunden, und die meisten lassen sich gerne darauf ein. Es ist eine ungefährliche Möglichkeit, den anderen genauer kennenzulernen; welche Stärken und Schwächen er hat und wo seine Interessen liegen. Wenn man spielende Hunde beobachtet, sieht man einen konstanten Austausch von Signalen. Im Bild oben stoppt der Lakeland Terrier in seiner Aktion, als der Samojede nah herankommt, ihn anrempelt und leicht hinunterdrückt. Dies kann als kurze Erinnerung verstanden werden, ja nicht zu aktiv und lästig zu sein. Dann startet die Bewegung bei beiden erneut und der Lakeland Terrier wird umgeschubst. Im weiteren Spiel war der Terrier vorsichtiger und zeigte dem Älteren gegenüber mehr Respekt.

OBEN Der Terrier wird vorsichtig umgeschubst. Der Ältere macht klar: „Ich bestimme die Spielregeln."

EIN GESPRÄCH BEGINNEN

Gleich in den ersten Sekunden einer Begegnung werden viele Informationen ausgetauscht. Keiner der Hunde hier ist sehr sicher. Der Foxterrier wechselt meist zwischen Aufdringlichkeit und Unsicherheit und der Boxer ist anderen Hunden gegenüber meist reserviert und hält insgesamt lieber Abstand. Bei der ersten Begegnung wurde oberflächlich am Hinterteil geschnuppert und dann stellten sie sich Kopf an Kopf gegeneinander. Für einen Moment war es wie ein kleiner Zweikampf: Jeder hat dem anderen den Kopf auf den Nacken gelegt. Der Boxer scheint diese Herausforderung gewonnen zu haben, denn der Foxterrier hat sich leicht zurückgezogen und am Boden geschnuppert. Damit hat er den aufkeimenden Konflikt deeskaliert. Die beiden sind nicht entspannt, können aber die Nähe des anderen vorübergehend tolerieren.

In dieser angespannten Situation versucht der Boxer eine seitliche Annäherung.

UNTEN Waffenstillstand – beide Hunde sind angespannt. Der Foxterrier sagt sich, dass der Klügere nachgibt und geht.

UNTEN Der Foxterrier schnuppert am Boden. Durch diese Übersprungshandlung signalisiert er: „Ich bin keine Gefahr für dich." Der Boxer riskiert noch einmal, am Hintern des anderen zu schnuppern. Beide bewegen sich vorsichtig.

KONFLIKTE LÖSEN

Hunde können über eine Reihe von Signalen zeigen, dass sie keinen Streit und keine Probleme möchten. Sie können zum Beispiel Übersprungsverhalten wie Buddeln, sich Kratzen oder Schnuppern am Boden zeigen oder sie können den anderen über submissives Verhalten oder eine Spielaufforderung aktiv beschwichtigen. Sie können Meideverhalten zeigen, durch Zungenschlecken oder Gähnen ihren Stress zum Ausdruck bringen oder auf eine starke Drohung des anderen mit passiver Demut (passiver Submission) reagieren. Einige dieser Verhaltensweisen sind direkt an den anderen Hund gerichtet, während andere eher zur Beruhigung der eigenen Nerven dienen und gleichzeitig deutlich machen, dass man nicht gefährlich ist und dass man sich nicht in bestimmte Situationen einmischen will.

OBEN Im Einzelkontakt mit einem anderen Hund hat der Samojede keine Probleme – Gruppen überfordern ihn manchmal. Hier hat er sich in eine Ecke zurückgezogen und schnuppert am Boden. Er hat eine Gruppe von vier Hunden vor sich, die er demonstrativ nicht ansieht.

TIME OUT

Die Golden-Retriever-Hündin war kurzfristig das Zentrum einer wilden Gruppe – das hat sie überfordert. Sie hat sich an den Rand gelegt und sich einige Minuten gekratzt und an den Pfoten geleckt. Augenkontakt mit den anderen wurde vermieden. Danach ging sie zu den anderen zurück. Es hat sie sicherlich nirgendwo gejuckt. Sie brauchte eine Pause und dieses Übersprungsverhalten war das time-out-Signal.

UNTEN Nach dem Schuppern am Boden hat sich der Samojede gründlich an den Pfoten geleckt. Er war damit so lange beschäftigt, bis die anderen Hunde den Raum verlassen hatten.

Der Collie-Mischling ist durch die enthusiastische Begrüßung des Foxterriers irritiert.

NERVEN ZEIGEN

Manchmal zeigen Hunde deutlich, dass sie sich äußerst unwohl fühlen. Die Begegnung hier ist eindeutig: Die Mischlingshündin – eigentlich eher sicher und offen für Kontakt – war durch die plötzliche und enge Annäherung des anderen irritiert. Im Freien, mit viel Platz, hätte sie den Foxterrier vielleicht massiv in die Schranken verwiesen. Hier im unbekannten und engen Raum hat sie nur eines im Sinn: Sie sucht schleunigst nach dem Ausgang. Die abgespreizten Vorderbeine, der gesenkte Kopf mit geschlossenem Maul und der runde Rücken zeigen das Unwohlsein deutlich. Sie duckt sich weg und springt seitlich am Foxterrier vorbei, der unempfänglich für ihre Signale ist und sie verfolgt.

EINGEKESSELT ... Wenn sich fremde Hunde zum ersten Mal begegnen, sollten sie ausreichend Platz zur Verfügung haben. Je enger eine Situation ist, desto unwohler fühlen sie sich und desto schneller könnten Probleme entstehen. Auch eine Einengung der Bewegungsfreiheit durch die Leine, ein „Besitztum" wie ein Ball oder ein Sozialpartner (Besitzer!), der gegen den anderen abgegrenzt werden muss, können Konflikte provozieren. Ernsthafte Konflikte oder sogar Kämpfe entstehen oft, weil sich einer der Protagonisten eingekesselt fühlt und keine andere Lösung sieht, um seine Haut zu retten. Wenn genügend Raum vorhanden ist, sodass jeder seine Individualdistanz wahren kann, können die Hunde entspannter kommunizieren und Spielregeln für den Kontakt festlegen. Dann weiß jeder, was er vom anderen zu erwarten hat, und das nimmt den Stress.

UNTEN Die Mischlingshündin hat genug. Ihre Körpersprache zeigt, dass sie einfach überfordert ist – zu viele unbekannte Elemente sind über sie hereingebrochen.

UNTEN Die klassische Vorderkörpertiefstellung als universelles Signal. Egal welche Rasse oder welches Alter – es wird immer erkannt.

GANZ ENTSPANNT

Die Vorderkörpertiefstellung ist eine Spielaufforderung, die eigentlich jeder Hund versteht – wenn er die Hundesprache lernen konnte. Dabei werden die Vorderpfoten lang über den Boden ausgestreckt und das Hinterteil wackelt in der Luft. Zusammen mit einem entspannten Gesicht, geöffnetem Maul und wedelndem Schwanz ist es eine fast unwiderstehliche Aufforderung zum Spiel. Manchmal wird diese Pose auch genutzt, um eine kurze Pause ins Spiel einzuflechten; besonders bei wilden Jagdspielen oder Rangeleien. Hin und wieder ist es ein gezieltes Signal zum „Herunterfahren" an einen Hund, der sich im wilden Spiel völlig vergessen hat: „Hallo, du bist zu wild, sei bitte vorsichtiger."

... Die Vorderkörpertiefstellung unterbricht das Spiel und die Hunde wechseln die Rollen zwischen Jäger und Gejagtem.

◖ SPIEL ODER ERNST?

Kommunikation birgt immer das Risiko von Missverständnissen. Das ist bei Hunden nicht anders als bei Menschen. Die Körpersprache dieses Boxers kann für fremde Hunde etwas rätselhaft sein. Wer ihn kennt, weiß, dass er gerne und rasch in Jagdspiele einsteigt, auch wenn er wie hier leicht unsicher aussieht. Fremde Hunde können diesen Blick schlecht einordnen und reagieren selber verunsichert.

DIE SPIELREGELN

Im Spiel können sich existierende soziale Spielregeln ändern und etablierte Statusverhältnisse werden kurzfristig umgedreht. Die Hündinnen auf diesen Fotos (Bullterrier und Beagle-Basset-Mischling) sind gute Bekannte. Im alltäglichen Miteinander hat die Bullterrier-Hündin den höheren Status; im Spiel aber verzichtet sie darauf zu pochen, denn sie weiß: Es wird langweilig, wenn sie immer nur gewinnt. Damit beide ihren Spass haben, werden hier die sozialen Karten anders gemischt. Der Bullterrier beginnt das Spiel und hat auch häufig das Spielzeug, aber der Beagle-Mix kann es ihr jederzeit abnehmen, damit das Spiel weiterläuft. Der Beagle-Mix zeigt dabei manchmal Zeichen von Submission – quasi um sie auszutricksen und sich den Ball zu schnappen. Der Bullterrier hält sich zurück, um das Spiel für beide spannend zu halten. Irgendwann entscheidet sie dann, dass es zu Ende ist, schnappt sich den Ball und geht.

UNTEN Das Spielzeug hat schon einige Male den Besitzer gewechselt. Der Beagle-Mix läuft schnell davon, um sich damit nicht fangen zu lassen.

 „ICH WILL SPIELEN!"

Spielaufforderungen an Menschen laufen
genauso ab wie bei einem Hund. Zwischen
Hunden und „ihren" Menschen können sich
aber auch ganz spezielle Rituale entwickeln.
Menschen bekommen das Spielzeug zum
Beispiel direkt vor die Füße gelegt. Dieser
Samojede hat gelernt, dass es sehr effektiv
ist, vor der Besitzerin mit der Pfote in der Luft
zu winken.

UNTEN Die Bullterrier-Hündin hat das Spielzeug
zurückgewonnen. Weil sie weiterspielen will, erlaubt
sie dem Beagle-Mix die Annäherung. Dieser macht
sich sprungbereit. Er ist ganz auf das Spielzeug in der
Schnauze der anderen konzentriert.

Der Lakeland Terrier versucht den Samojeden mit einem Scheinangriff zum Spiel zu überreden. Dieser weicht lieber aus.

SCHNAUZENGERANGEL

Im Spiel werden oft die Zähne gezeigt – aber ohne einen aggressiven Zusammenhang. Typisch ist das Schnauzengerangel, bei dem beide Hunde das Maul weit aufgerissen haben und damit gegeneinander stoßen. Im Gegensatz zum echten Schnappen oder Beißen sind dabei die Zähne häufig von den Lefzen verdeckt, und beide achten darauf, das Maul nicht oder nur vorsichtig zu schließen. Welpen gniepen ständig mit der Schnauze an etwas herum, es ist ihre Art, die Umwelt zu erkunden. Erwachsene Hunde können manchmal an Dingen herumnagen, um Stress abzubauen. Auch außerhalb vom Spiel können sie sich gegenseitig sanft mit der Schnauze beknabbern. Diese sogenannte Schnauzenzärtlichkeit wird unter gut bekannten Hunden ausgetauscht und dient dazu, die bestehende Bindung weiter zu stabilisieren. Hunde können sie auch gegenüber Menschen zeigen.

RECHTS Schnauzenzärtlichkeit als Zeichen für Verbundenheit. Vorsichtig wird am Ohr geleckt und geknabbert. Die Lefzen bedecken die Zähne. Der braune Hund genießt es.

RECHTS Der Samojede hat immer noch nicht zufriedenstellend reagiert. Jetzt wird der Terrier richtig aufdringlich. Der Samojede weicht so gut es geht aus. Er ist (noch) freundlich; das kann sich ändern, sollte der Terrier es weiter so übertreiben.

KOMPROMISSE

Manchmal entwickelt sich aus einem Spiel heraus echtes aggressives Verhalten. Menschen glauben dann meist, dass sich dieser Konflikt aus dem Nichts heraus entwickelt hat und bestrafen eventuell einen oder beide „Bösewichte". Hunde können Spielverhalten gezielt einsetzen, um einen Konflikt zu deeskalieren. Wenn sich dann im Spiel herausstellt, dass der Konflikt nicht zu bereinigen ist, kann eine ernste Auseinandersetzung daraus werden. Zumeist haben dann die Menschen die subtilen oder sehr schnellen Signale übersehen, die zwischen den Hunden ausgetauscht wurden und den Ernstbezug angekündigt haben.

UNTEN Zwei gleich große Hunde bei einem Zerrspiel. Der Pointer links scheint das Spiel etwas ernster zu nehmen – zumindest wenn man den starrenden Blick berücksichtigt.

Spiel bedeutet, permanent Kompromisse einzugehen; zum Beispiel im Zusammenhang mit einem beliebten Objekt. Über ihre Körpersprache versichern sich die Hunde gegenseitig, dass sie noch im Spielmodus sind. Sie befragen den anderen über dessen Stimmung und geben selber Informationen. Hunde erkennen viel schneller als Menschen, wenn einer aus dem System ausbricht. Wenn ein Hund im Spiel plötzlich starke Angst zeigt, kann das den anderen irritieren und bei ihm zum Beispiel aggressives Verhalten auslösen.

RITUALE

Hunde, die sich sozial sehr gut kennen, haben untereinander auch Kommunikationsrituale entwickelt. Vorteil: Jeder weiß, was er vom anderen in bestimmten Situationen zu erwarten hat – ohne dass dann noch groß kommuniziert oder sogar diskutiert werden muss. Derartige Rituale entwickeln sich auch zwischen Hund und Mensch; vielen Menschen werden sie allerdings nicht bewusst. Die Hunde scheinen dann das Verhalten des anderen vorhersehen zu können und sie verhalten sich innerhalb der Gruppe in bestimmten Situationen sehr ähnlich. Dabei hat dann meist einer die Frührungsrolle. Der Bullterrier und der Beagle-Mix unten imitieren das Verhalten des jeweils anderen. Genauso machen es auch das Samojedenpaar oben und die Pointer von Seite 96/97.

OBEN Diese beiden leben zusammen. Das identische Verhalten kann sich über einen längeren Zeitraum entwickelt haben oder es war spontan und plötzlich da.

RECHTS Beim Spielbeginn spiegeln sich beide Hunde fast mit ihren Verhaltensmustern.

LINKS Sie leben zusammen. Ihre Bewegungsmuster zeigen, dass sie sich sehr gut kennen.

Beagle-Mix und Bullterrier im Spiel. Die Position zueinander (fast rechter Winkel), die entspannten Körper und das Maul beim Beagle-Mix zeigen an, dass die Situation nicht ernst ist: In ernsten Konflikten begegnen sich Hunde zum Beispiel mehr frontal. Diese beiden kennen sich gut und schätzen sicher die Nähe des anderen. Wenn man beide in eine größere Gruppe integrieren würde, wäre die Chance aber trotzdem groß, dass jeder mit anderen Hunden spielen würde. Derartige Vertrautheit entsteht durch häufigen entspannten Sozialkontakt – bedeutet aber nicht so etwas wie „Liebe" oder „Loyalität" oder einen Anspruch auf Ausschließlichkeit im menschlichen Sinne.

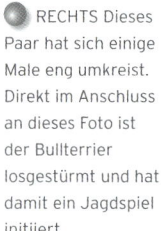

RECHTS Dieses Paar hat sich einige Male eng umkreist. Direkt im Anschluss an dieses Foto ist der Bullterrier losgestürmt und hat damit ein Jagdspiel initiiert.

JAGDSPIELE

Hunde können miteinander intensive Jagdspiele durchführen. Im Sekundenbruchteil wird über feine Signale abgemacht, wer der Jäger und wer der Gejagte ist. Die Rollen können auch mehrmals in einem Spiel wechseln. Immer wieder wird zwischendurch die Botschaft eingeflochten, dass es sich wirklich noch um Spiel handelt. Grade bei diesem Spiel ist das wichtig: Hunde sind Jäger und kein Hund möchte „Beute" sein, wenn Jagdverhalten plötzlich ernsthaft gezeigt werden würde. Oft passieren Unfälle (ein Hund wird zur Beute eines anderen Hundes), weil der jagende Hund ein breites Beutespektrum hat; er reagiert wahllos auf alle sich schnell bewegenden und quietschenden Objekte. Dass die Beute ein Artgenosse ist, wird dann oft zu spät erkannt. Ein deutlich angespannter Körper und ein nur noch auf die „Beute" fixierter Blick bei abgesenktem Kopf können erste Anzeichen für den „Ernstfall" sein. Andere Hunde werden sich dann, sofern sie es rechtzeitig erkennen, ruhig aus dem Spiel zurückziehen.

 LINKS Der Lakeland Terrier hat den Samojeden verfolgt. Dieser hat plötzlich gestoppt und ist jetzt gerade dabei, sich umzudrehen. Damit signalisiert er eine kleine Pause. Beide werden danach das wilde Spiel fortsetzen.

RUHE UND ERHOLUNG

Wilde Hunde rollen sich meist zusammen – zum einen verlieren
sie dadurch nicht so viel Körperwärme und zum anderen
sind die verletzlichsten Körperteile besser geschützt. Unsere
Haushunde können in den unterschiedlichsten Positionen
schlafen. Einige liegen komplett ausgestreckt auf der Seite, so
wie die beiden Kandidaten unten. Wenn sich ein Hund unwohl
fühlt, wird er nicht schlafen – er wird sich unter Umständen nicht
einmal länger entspannt hinlegen (z.B. wenn ihn ein anderer
Hund im Raum irritiert). Hunde können sich aber auch bewusst
und langsam voreinander hinlegen. Solch ein Hinlegen kann
eine deeskalative Wirkung haben und wird dann auch zu den
Übersprungshandlungen gezählt. Manchmal recken sie sich dabei
auch noch intensiv. Die beiden unten schlafen nicht, sondern
ruhen entspannt nebeneinander.

UNTEN Diese beiden sind
zusammen aufgewachsen. Sie
haben eine Weile wild gespielt.
Nun ruhen sie sich aus. Die
entspannten Körper zeigen, dass
die gegenseitige Gesellschaft für
beide schön ist.

LINKS. Solch ein genüssliches Recken zeigen Hunde üblicherweise nach dem Aufwachen. Einige Hunde zeigen es sehr ritualisiert und ausführlich – Gliedmaße für Gliedmaße.

MEINUNGS-VERSCHIEDENHEITEN

Dinge wie Futter, Spielzeug, Liegeplatz oder Sozialpartner (der Besitzer) stellen für Hunde lebenswichtige Besitztümer (Ressourcen) dar. Einer beansprucht eine bestimmte Ressource für sich, und dann wird untereinander (und manchmal auch mit dem Menschen) darüber diskutiert, wer mehr Anrecht darauf hat. Solche Diskussionen können unterschiedlich ablaufen. Die Hunde oben spielen entspannt mit einem Spielzeug.

OBEN Dieses Spielzeug soll und wird häufig den Besitzer wechseln. Der Deutsch Kurzhaar hält es so, dass der andere Hund es greifen kann.

Mal hat es der eine, mal der andere. Würde der Deutsch Kurzhaar es exklusiv für sich haben wollen, würde er sich damit in eine Ecke zurückziehen und es verteidigen – eventuell auch mit auffälligem Drohverhalten. Die Bullterrierdame dagegen möchte gerade nicht teilen. Sie hält den Kopf tief und weicht dem anderen aus. Er hat keine Möglichkeit, es ihr wegzunehmen. Ein Hund, der mit starrem Blick und gespanntem Körper über einem Objekt steht (so wie hier zu sehen), meint es ernst. Man lässt ihn besser in Ruhe.

UNTEN Die Bullterrierdame hat das Spielzeug vom Beagle-Mix ergattert und will es nicht wieder hergeben.

RECHTS Das Spiel wird Ernst. Der Beagle-Mix versucht noch einmal, über einen Biss ins Ohr an das Spielzeug zu kommen. Danach kommt eine deutliche Warnung vom Bullterrier.

DROHUNGEN

Hunde können bedrohliche Situationen und Konflikte in den meisten Fällen gut alleine managen – ohne dass ein Mensch sich einmischt. In beiden Hundebegegnungen auf diesen Seiten sieht man einen selbstsicheren Hund ... und es ist nicht der Foxterrier. Der Retriever ist zwar jung, aber sozial kompetent und sicher. Er weiß, dass es in Konflikten immer Sinn macht, zunächst deeskalatives Verhalten zu zeigen. Wenn dies allerdings nicht hilft, setzt er auf eine kurze, aber deftige Warnung. Der Jack Russel Terrier verfolgt mehr die Strategie, Konflikte auszusitzen. Das spart Energie für wichtigeres.

OBEN Der Retriever versuchte zunächst, die lästigen Aktivitäten des anderen ruhig auszusitzen. Damit konnte der Foxterrier nicht umgehen und aus diesem Stress heraus versucht er, bei ihm aufzureiten.

⚫ AUGENKONTAKT

Zwischen beiden Hunden schwelt ein Konflikt.
Der Foxterrier links zeigt ein Drohfixieren
gegen den Jack Russell Terrier. Ohren, Pfoten
und Körperstellung zeigen seine Unsicherheit
dabei. Der Jack Russell Terrier sagt sozusagen
vor sich hin: „Ich nehm dich gar nicht wahr."
Er sieht seinen Besitzer an und schiebt den
Körper vom anderen Hund weg. Beide Hunde
fühlen sich nicht wohl und verharren in diesen
Positionen.

⚫ LINKS Der Foxterrier merkt,
dass er zu weit gegangen ist. Der
Retriever zeigt kein offensives
Aggressionsverhalten, aber dies ist
schon eine ernste Warnung. Er fixiert
den anderen und zeigt die Zähne; das
Gesicht ist angespannt. Der Foxterrier
reagiert unsicher, aber nicht direkt
ängstlich.

VEREINBARUNGEN

Jeden Tag muss ein Hund mit anderen Hunden oder seinen Menschen über wichtige Dinge des Lebens diskutieren. Eine Option wäre es, um diese Dinge zu kämpfen. Hunde setzen bei Konflikten aber mehr auf den Verstand als auf Muskeln und Zähne – sie kommunizieren sehr effektiv. Über subtile Signale werden Informationen gegeben und die Interessen vom Partner ausgelotet. So werden Vereinbarungen getroffen, bei denen nur Gewinner übrig bleiben: Der eine bekommt, was er will, und der andere bleibt unbeschädigt. Ein Hund, der die Kommunikation unter Hunden gut gelernt hat, wird im Zweifelsfall die Spannung aus einer Situation über deeskalatives Verhalten eher heraus- nehmen, als dass er den Stresslevel für beide erhöht.

UNTEN Der Deutsch Kurzhaar weiß: „Es wird langweilig, wenn ich das Objekt jetzt für mich behalte." Der andere liegt zum Sprung bereit, um sich das Spielzeug zu greifen, wenn sein Kumpel es fallen lässt. Beide verständigen sich rein über Blicke.

● OBEN Geschickt gezeigte Submission. Der Retriever hat dem Boxer im Vorhinein den Wind aus den Segeln genommen.

TIMING IST WICHTIG Der Retriever scheint vor dem Boxer wegzulaufen. In Wahrheit ist er einfach schlau. Der Boxer ist kein sehr sicherer Hund und lässt sich meist erst auf ein Spiel ein, wenn die anderen Hunde zur Genüge deutlich gemacht haben, dass von ihnen keine Gefahr ausgeht. Über seine Körpersprache zeigt der Retriever Submission; hätte er ihn sofort zum Spiel aufgefordert, wäre der Boxer überfordert gewesen und hätte vielleicht aggressiv reagiert. Kurze Zeit nach diesem Foto haben dann beide zusammen gespielt.

DIE EIGENE HAUT RETTEN

Auch wenn Hunde schon massiv mit den Waffen rasseln, können Konflikte unblutig beigelegt werden. Der aufdringliche Foxterrier hat den Boxer bis zum äußersten belästigt. Irgendwann hatte dieser wirklich genug und hat eine „letzte Warnung" ausgestoßen. Endlich wurde er vom Foxterrier ernst genommen. Derart massive Warnungen beinhalten noch kein offensiv aggressives Verhalten wie z.B. Beißen. Gut sozialisierte Hunde verstehen den Ernst der Lage und ziehen sich zurück – es sei denn, die ganze Angelegenheit ist extrem wichtig für sie. Dann könnten sie mit gleicher Intensität antworten.

OBEN Jetzt ist der Terrier zu weit gegangen. Zunächst hat der Boxer laut geknurrt. Danach ist er vorgesprungen und hat direkt vor dem Terrier in die Luft geschnappt. So sieht ein stark gestresster Hund aus: Angespannter Körper und aufgerissene Augen; alle vier Füße sind in der Luft, als er vorspringt.

LINKS Der Foxterrier ist schnell zurückgewichen und der Boxer hat ihn mit tief gehaltenem Kopf noch einige Meter verfolgt.

Der Foxterrier ist dickfellig. Zwei Minuten später belästigt er den Boxer schon wieder.

● LINKS Dem Retriever wurde das Spiel zu intensiv. Sein Hinlegen soll eine Pause bewirken. Der Foxterrier kann mit diesem subtilen Signal nichts anfangen und springt unbeeindruckt auf den Retriever.

KONFLIKTE BEENDEN

Nach jedem Konflikt, solange es nicht zu einem Ernstkampf gekommen ist, beruhigen und arrangieren sich Hunde erstaunlich schnell. Dabei ist der Kontext entscheidend. Die Körpersprache der Hunde zeigt, ob es sich um einen spielerischen Konflikt handelte oder nicht. Das böseste Knurren wird vom anderen korrekt als Spielverhalten interpretiert und nicht als Warnung, wenn die entsprechenden Körpersignale dazu gesendet werden. Gut sozialisierte und in der Kommunikation sichere Hunden senden eindeutige Signale: „Wir spielen", „Du wirst lästig", „Hör sofort auf" oder „Lass uns weiter-spielen". Problematisch wird es, wenn Hunde nicht gut sozialisiert wurden. Sie senden keine eindeutigen Signale und sie können sie bei anderen nicht gut verstehen – damit können sie dann aber auch nicht korrekt darauf reagieren. Der Foxterrier achtet nicht auf subtilere Signale für „Du wirst lästig" und löst so bei anderen massivere Warnungen aus.

LINKS Da seine Bitte um Pause nicht erhört wurde, springt der Retriever mit den Vorderpfoten auf den Terrier und schiebt ihn weg.

LINKS Diese Sprache versteht der Terrier. Er hält sich etwas zurück und das Spiel geht weiter.

UNSICHER UND DEFENSIV

Manchmal können sich im Spiel kritische Situationen entwickeln. Es kommt dann auf die soziale Kompetenz der Spielpartner an, ob sich daraus ein ernsterer Konflikt entwickelt oder nicht. Die gut sozialisierte Retrieverhündin spielt problemlos mit jedem Hund und kann sich auf unterschiedlichste Persönlichkeiten einstellen. Sie hat auch nichts gegen ein raueres Spiel – wenn der andere allerdings zu massiv und aufdringlich ist, wird sie sich zurückziehen und eine kurze Auszeit signalisieren oder sogar deutlich warnen. Sie achtet auf subtile Warnsignale bei ihren Spielpartnern und ändert dann ihr Verhalten entsprechend. Der Boxer z.B. ist leicht unsicher. Er ist angespannt und sendet eine dezente Warnung, dass sie es nicht übertreiben soll. Beim Spiel mit dem Foxterrier ist der Retriever der warnende Partner. Sozial kompetente Hunde wechseln je nach Partner die Rolle im Spiel. Mal sind sie der aktive „aufdringliche" Hund, mal derjenige, der den Spielverlauf bestimmt und zusieht, dass es nicht in ein unkontrolliertes Gerangel abgleitet. Mal müssen sie ganz subtile Signale des Partners erkennen und mal müssen sie rabiat und laut einen Wildfang in die Schranken weisen.

OBEN. Der leicht unsichere Terrier setzt mit ranganmassendem Verhalten nach. Der Retriever wurde überrascht und so vorübergehend in eine unbequeme Position gezwungen.

OBEN Der Boxer hatte den Augenkontakt abgebrochen, um eine Auszeit einzuläuten, aber der Retriever war schon in voller Fahrt. Jetzt sendet er eine stärkere Warnung (Fixieren mit den Augen) und der Retriever wird gekonnt an ihm vorbeilaufen.

HILFEGESUCHE

Bei bestimmten Problemen können Hunde manchmal andere „um Hilfe bitten". Hilfegesuche werden auch an den Sozialpartner „Besitzer" gesendet – beide Hunde auf diesen Bildern tun es gerade. Besitzer sollten aber nicht zu früh helfen oder in Konflikte zwischen Hunden eingreifen, denn in den meisten Problemsituationen können sich Hunde selber helfen. Je mehr Chancen ein Besitzer seinem Hund zur eigenständigen Problemlösung gibt, desto sicherer wird der Hund insgesamt. Je sicherer der Hund ist, in desto weniger ernste Problemsituationen wird er geraten. Manchmal ist es aber für Menschen schwierig abzuwägen, wann man eingreifen sollte und wann nicht.

OBEN Der Jack Russel Terrier stemmt sich gegen den Leinenzug. Die Augen fixieren den Besitzer nicht, sondern senden eine Bitte um Hilfe: „Ich will hier nicht weiter."

Besitzer sollten sich angewöhnen, grundsätzlich alles erwünschte, zur Situation passende Verhalten ihres Hundes zu belohnen. Dies gilt besonders, wenn der Hund in Konflikten Verhaltensweisen zeigt, die geeignet sind, den Konflikt zu deeskalieren, oder wenn er bei Problemen Verhaltensansätze in Richtung der Problemlösung zeigt. Angst dagegen sollte nie belohnt werden (eine Belohnung wäre es z.B., den Hund zu trösten). Es ist immer ein kurzes Lob wert, wenn sich der Hund aus dem Kontakt mit anderen Hunden, zum Beispiel aus einem Spiel heraus, zu Ihnen umwendet. Die Chance, dass er dann bei einem echten Konflikt zügig zu Ihnen kommt und Sie mit ihm weggehen können, wird dadurch größer.

UNTEN Runder Rücken, angespannte Maullinie, eingeklemmter Schwanz, Blick mit aufgerissenen Augen zum Besitzer: „Ich will hier weg."

OBEN Nasen-Nasen-Kontakt. Die Mischlingshündin begrüßt nur zögerlich, wie man aus der Körperhaltung ersehen kann.

VORSICHTIG SEIN

Bestimmte Hunde „betrachten" andere Hunde zunächst einige Zeit, ehe sie sich auf einen engeren Kontakt einlassen. Sie sind vorsichtig und halten sich bei Gruppen eher am Rand auf; von hier aus treten sie dann mit einzelnen Hunden in Kontakt. Menschen können manchmal nicht nachvollziehen, warum ein Hund gestresst ist. Für menschliche Augen mag eine Situation problemlos wirken – der Hund betrachtet sie aber mit seinen Augen. Wenn Sie also bei Ihrem Hund Stressanzeichen bemerken, sollten Sie das immer ernst nehmen und den Hund nicht noch zusätzlich überfordern. Hunde sind unterschiedlich stresstolerant. Der eine guckt vielleicht nur verdutzt, wenn ein Feuerwerkskörper explodiert, der andere kriecht in Panik unter die Eckbank. Diese Mischlingshündin ist durch den Foxterrier beunruhigt. Sie zeigt vorsichtiges Demutsverhalten. Der Foxterrier reagiert daraufhin tatsächlich zurückhaltender als sonst – kann die Hündin aber nicht zum Spiel überreden.

LINKS Während der vorsichtigen Geruchskontrolle am Hinterteil hält die Mischlingshündin den Schwanz leicht eingeklemmt; der Foxterrier verhält sich erregt und aufdringlich wie immer.

UNTEN Während der Terrier ein Spiel beginnen möchte, versucht die Mischlingshündin mit niedriger Körperhaltung auszuweichen. Sie will keinen weiteren Kontakt.

WARNUNG UND ENTSCHULDIGUNG

Die Bilder hier zeigen, wie aufdringliches Verhalten manchmal auch einen Konflikt deeskalieren kann. Welpen lecken am Maul/Kopf von Erwachsenen und provozieren so das Hervorwürgen von Futter. Dies ist ein Überbleibsel aus der Frühzeit der Domestikation, als der Hund aus dem Wolf entstand. Bei älteren Hunden bekommt das Lecken eine andere Bedeutung: es wird zu einem Demutssignal: „Ich bin ungefährlich." Gut sozialisierte Hunde reagieren typischerweise freundlich, wenn sie derart besänftigt werden. Auf den Bildern hier imitiert der Foxterrier solch welpenhaftes Verhalten. Beim Boxer scheint die Botschaft anzukommen: Kopf und Blick sind abgewendet, sein Drohfixieren ist zumindest vorübergehend beendet. Der Foxterrier ist insgesamt spannend zu beobachten. Zum einen wegen der Schnelligkeit, mit der er Signale während der Kommunikation zeigt. Zum anderen wegen der extremen Reaktionen, die er bei anderen Hunden hervorruft.

UNTEN Der Boxer warnt den Foxterrier massiv. Augen und Ohren zeigen, dass dies kein Spiel mehr ist. Er ist ernsthaft verärgert.

Die Reaktion des Boxers hat den Terrier überrascht. Es kommt zu einer kurzen Pattsituation zwischen beiden.

LINKS Der Foxterrier besänftigt den Boxer tatsächlich mit diesem welpenhaften Verhalten. Dessen abgewandter Blick ist gut zu erkennen. Wenig später wird der Terrier wieder hektisch anspringen und erneut Warnsignale provozieren.

STRESSABBAU

Egal welche Situation den Hund stresst – Annäherung von fremden Hunden oder Menschen oder „Merkwürdigkeiten" wie laute Geräusche – die meisten versuchen, sich schnell zurückzuziehen. Dort wo Ausgang oder Rückweg versperrt sind, probieren die Hunde andere Verhaltensmuster zum Stressabbau. Sich plötzlich aus einem Hundekontakt heraus hinzusetzen, heißt nicht: „Ich bin müde", sondern eher: „Ich will keinen Kontakt und bin auch nicht gefährlich." Übersprungsverhalten wie eigene Körperpflege, Buddeln oder am Boden Schnuppern dient ebenfalls dem Stressabbau. Die Mischlingshündin oben hat sich mit dem Rücken eng in eine Ecke gesetzt. Der Schutz von hinten gibt ihr zusätzlich Sicherheit. Andere Hunde erstarren komplett und wenden den Kopf ab. Dieses Erstarren ist nicht vergleichbar mit einem kurzen Verharren vor wilder Aktion, wie man es manchmal im Spiel sieht.

OBEN Die Mischlingshündin hat sich hingesetzt. Sie hatte den Foxterrier immer wieder erfolglos abgewehrt und weggehen konnte sie auch nicht – also versucht sie jetzt diese Strategie, auch um sich zu beruhigen. Ihr Stresszustand ist offensichtlich.

● STRESSREAKTIONEN

Diese kleine Jack-Russell-Terrier-Dame fühlt sich in ihrer Umgebung sehr unwohl. Da der Besitzer sie nicht weggehen lässt, zeigt sie extremes Schnüffeln am Boden. Ein unwissender Beobachter könnte denken, dass sie einfach einen faszinierenden Geruch am Boden beschnuppert – die Körpersprache zeigt aber deutlich den Stresszustand.

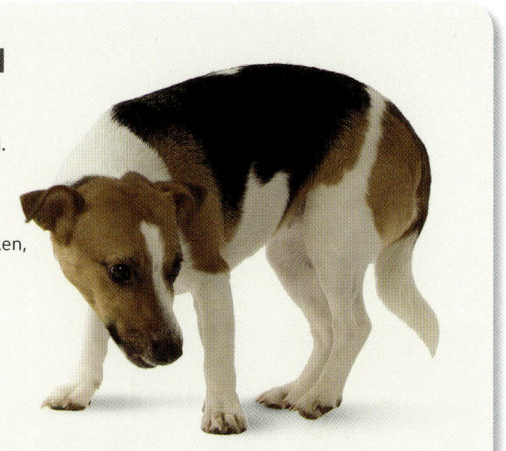

● Der Boxer sieht seinen Besitzer an: „Bitte lass uns weggehen."

DER SPRACHTEST

Das eben Gelernte können Sie jetzt anhand der Bilder auf den folgenden Seiten überprüfen. Alles sind Schnappschüsse, die Hunde in typischen Hund-Hund-Situationen zeigen. Die Hunde haben sie bislang im Buch noch nicht gesehen – sie können also kein „Insiderwissen" über Charakter oder Vorlieben einsetzen. Überlegen Sie, was in den Bildern passiert. Versetzen Sie sich auch in die Lage der Hundebesitzer: Würden Sie sich einmischen oder nicht? Interpretieren Sie nicht aus dem Bauch heraus; setzen Sie das ein, was Sie gelernt haben. Die Auflösungen finden Sie auf den Seiten 122–123.

WAS HABEN SIE GESEHEN?

Begrüßung: Der Collie links nähert sich vorsichtig seitlich zum Schnuppern an. Der American Pitbull Terrier ist leicht gestresst: die Ohren sind nach hinten gelegt, das Gesicht ist angespannt. Der Collie ist entspannter, aber auch nicht komplett stressfrei (die Ohren sind z.B. etwas über der Stirn zusammengeschoben). Beide Hunde gucken aneinander vorbei. Der Besitzer des Pitbull macht die Situation nicht einfacher: er zieht seinen Hund an der straffen Leine nach hinten. Insgesamt ist die Situation aber nicht dramatisch.

Auf den ersten Blick scheinen sich diese beiden gezielt zu ignorieren. So etwas ist immer ein erster Hinweis darauf, dass sich Hunde in Gesellschaft des anderen nicht wohlfühlen. Hier muss man aber auch berücksichtigen, dass der linke Hund noch ein Welpe ist. Es kann also sein, dass er das Verhalten des Älteren einfach nur imitiert. Keiner der Hunde sieht gestresst aus. Beide haben zwar das Maul geschlossen – sie scheinen aber eher darauf zu warten, wie sich die Situation vor ihnen weiterentwickelt, als dass sie sich stark anspannen.

Diese Hunde haben Spaß miteinander. Auch bei denen, die direkt den Ball austauschen, sind die Augen halb geschlossen, die Mäuler und Körper entspannt. Die Colliehündin zeigt kleine Signale von Anspannung. Man kann interpretieren, dass sie das stärkste Interesse am Ball hat und ihn für sich haben möchte. Sie hält den Schwanz niedrig, reißt das Maul sehr weit auf und zeigt leichte Anspannung um die Lefzen. Der Terrier im Vordergrund sagt entweder: „Ich misch mich nicht ein" oder er hat wirklich etwas sehr wichtiges am Boden gerochen.

Diese Situation ist angespannt und läuft sehr schnell ab. Beide Hunde zeigen Stress- aber keine Angstsignale. Der schwarze Hund könnte „Pfotenauflegen" gerade als ranganmaßende Geste zeigen und der Dalmatiner könnte nach unten wegtauchen, um dem auszuweichen. Der Dalmatiner könnte aber auch zuerst von unten gekommen sein und der schwarze Hund setzt die Pfote ein, um ihn zu kontrollieren. Ein Einmischen der Besitzer ist nicht nötig, wenn es auf diesem Level bleibt. Der Spaniel links hält sich zurück und wartet ab.

Eine klassische Begrüßung: ein Hund nähert sich von hinten zum Schnuppern; er ist leicht aufgeregt, aber nicht unsicher. Auch über den „halben" Hund, der gerade beschnuppert wird, kann man einiges sagen: Die Hündin reagiert auf den Terrier indem sie den Schwanz zur Seite nimmt. Sie ist durch ihn nicht irritiert, denn sonst würde sie sich zügig umdrehen und man hätte keine Chance, solch ein Foto überhaupt zu machen. Am meisten Stress haben bei solchen Begrüßungen die Besitzer. Menschen sind solche Szenen oft peinlich.

Auch wenn mit Zähnen und Pfoten gearbeitet wird: Dies ist Spiel. Der unten liegende Hund hat ein entspanntes Maul und entspanntes Gesicht. Die Pfote wird nicht zur Abwehr hochgestemmt. Der Hund rollt sich auf dem Boden. Der obere drückt seinen Kopf und Hals fast in die Schnauze des unteren und versucht nicht, ein mögliches Beißen von unten abzuwehren.

Diese Situation ist nicht so eindeutig wie im vorherigen Bild. Der rechte Hund wendet seinen Kopf leicht ab und der linke stößt mit angespanntem Maul vor. Die Nackenhaare scheinen bei ihm leicht aufgestellt, was ein Zeichen von starker Erregung wäre. Alles zusammen scheint es hier um etwas Wichtiges zu gehen, eventuell ist es ein ernsterer Konflikt um Ressourcen. Auf keinen Fall sollten die Besitzer direkt eingreifen. Am besten ruft man seinen Hund, während man sich abwendet und Anstalten macht, wegzugehen.

Zum Abschluss noch ein nettes Bild: Diese Hündin hat ihren Spaß mit dem Ball und demjenigen, der den Ball für sie kickt. Die Körpersprache zeigt das überdeutlich. Sie ist bereit für ein wildes Spiel.

ZUM WEITERLESEN

Zum Weiterlesen finden Sie hier eine Auswahl an Ratgebern zu Hundesprache, Hundeverhalten und Verständigung mit dem Hund aus dem Kosmos-Verlag.

Abrantes, Roger: Hundeverhalten von A-Z. Mimik und Körpersprache, Verhalten und Verständigung, Lautäußerungen und Kommunikation.

Alderton, David: Sprich mit deinem Hund. In 3 Schritten zur erfolgreichen Kommunikation.

Bailey, Gwen: Was denkt mein Hund? Hundeverhalten auf einen Blick.

Blenski, Christiane: Das lernt mein Hund. Hundeerziehung auf einen Blick.

Blenski, Christiane: Hunde erziehen, ganz entspannt.

Blenski, Christiane: Hundesprache. Verhalten erkennen und verstehen.

Coren, Stanley: Die Geheimnisse der Hundesprache. So lernen Sie Ihren Hund verstehen und mit ihm zu kommunizieren.

Coren, Stanley: Wie Hunde denken und fühlen. Die Welt aus Hundesicht: So lernen und kommunizieren Hunde.

Donaldson, Jean: Hunde sind anders … Menschen auch – so gelingt die Verständigung zwischen Mensch und Hund.

Feddersen-Petersen, Dr. Dorit: Ausdrucksverhalten beim Hund. Mimik und Körpersprache, Kommunikation und Verständigung.

Feddersen-Petersen, Dr. Dorit: Hundepsychologie. Sozialverhalten und Wesen, Emotionen und Individualität.

Feltmann-von Schroeder, Gudrun: Die Kunst, mit dem Hund zu reden. Ein erfolgreicher Weg für Erziehung und Beschäftigung.

Fichtlmeier, Anton: Grunderziehung für Welpen.

Fisher, Sarah und Marie Miller: 100 Wege zum perfekt erzogenen Hund. Übungen, Tricks und Spiele.

Führmann, Petra, Nicole Hoefs und Iris Franzke: Die Kosmos Welpenschule.

Harries, Brigitte: Kenne ich meinen Hund?

Hoefs, Nicole und Petra Führmann: Das Kosmos-Erziehungsprogramm für Hunde.

Jones, Renate: Aggressionsverhalten bei Hunden.

Jones, Renate: Aggressiver Hund – was tun? Schritt für Schritt zum braven Hund.

Jones, Renate: Welpenschule.

Krämer, Eva-Maria: Hunde, die besten Freunde. Rassen, Haltung, Erziehung und Beschäftigung.

Krämer, Eva-Maria: Hunderassen. Die 200 beliebtesten Rassen.

Lübbe-Scheuermann, Perdita und Frauke Loup: Unser Welpe. Auswahl und Eingewöhnung, Haltung,

Pflege und Ernährung, Sozialisierung, Erziehung und Beschäftigung.

Nijboer, Jan: Hunde verstehen mit Jan Nijboer.

Nijboer, Jan: Vom Welpen zum Familienhund mit Natural Dogmanship.

Pryor, Karen: Positiv be-stärken, sanft erziehen. Die verblüffende Methode, nicht nur für Hunde.

Rütter, Martin und Jeanette Przygoda: Angst bei Hunden. Unsicherheiten erkennen und verstehen, Vertrauen aufbauen.

Rütter, Martin: Hundetraining mit Martin Rütter. Individuell – partnerschaftlich – leise – einfach. Buch und DVD.

Rütter, Martin: Sprachkurs Hund.

Schöning, Dr. Barbara, Nadja Steffen und Kerstin Röhrs: Hundesprache.

Schöning, Dr. Barbara: Hundeverhalten. Verhalten verstehen, Körpersprache deuten.

Theby, Viviane: Verstehe deinen Hund. Kommunika-tionstraining für Hundehalter.

Winkler, Sabine: So lernt mein Hund.

Weitere Hundebücher der Übersetzerin Dr. Barbara Schöning:

Pietralla, Martin und Barbara Schöning: ClickerTraining für Welpen.

Schöning, Barbara, Nadja Steffen und Kerstin Röhrs: Hilfe, mein Hund jagt. Jagdverhalten in die richtigen Bahnen lenken.

Schöning, Barbara: Hunde-probleme erkennen und lösen.

REGISTER

DANKSAGUNG

Herzlichen Dank an alle Hunde und ihre Besitzer, an Clare Barber, Calvey Taylor-Haw und an die Mitarbeiter von Ivy Press, insbesondere Kevin und Hazel.

Ein herzliches Dankeschön auch an Karen Overall für die hilfreiche und kundige Beratung.

BILDNACHWEIS

Die Fotos für dieses Buch haben Calvey Taylor-Haw und Simon Punter gemacht.

Weitere Aufnahmen von iStockphoto/Galina Barskaya (S. 119 unten), Anna Bryukhanova (S. 118 unten rechts), Anne Clark (S. 118 oben), Brandon Clark (S. 120 oben rechts), dwphotos (S. 121 oben), Chris Johnson (S. 121 unten), C. Paquin (S. 119 oben) und Ulrich Willmünder (S. 120 unten).